Die in den Sitzungsberichten Abt. I und Abt. II der math.-nat. Klasse der Österr. Akad. d. Wiss. erscheinenden Abhandlungen werden auch einzeln abgegeben. Sie können durch jede Buchhandlung oder direkt durch die Auslieferungsstelle der Österreichischen Akademie der Wissenschaften (Wien I, Singerstraße 12) bezogen werden.

Nachfolgende Abhandlungen aus dem Fache **Astronomie** sind erschienen:

**1950 (S II a, Bd. 159):**

Haupt H.: Über Phasenkoeffizienten und Albedo der kleinen Planeten Ceres, Palls, Juno und Vesta, 20 Seiten. S 21.60
Nikoloff I.: Definitive Bahnbestimmung des Kometen 1936 III (Kaho-Kozik.-Lis), 17 Seiten. S 20.40
Pastor M.: Die Feuerkugel vom 4. Jänner 1945, 17$^h$ 52$^m$ MEZ., 22 Seiten. S 16.—
Socher H.: Die Polhöhe der Universitäts-Sternwarte Wien. 10 Seiten. S 8.60
Socher H.: Veränderliche Fundamentalsterne der „Potsdamer Durchmusterung" (mit 2 Abbildungen), 9 Seiten. S 7.20

**1951 (S II a Bd. 160):**

Eichhorn H.:. Die Genauigkeit einer Kreisbahnbestimmung, 15 Seiten. S 8.50
Schrutka-Rechtenstamm Erna: Definitive Bahnbestimmung des Kometen 1932 I, 25 Seiten S 19.80
Senftl E.: Definitive Bahnbestimmung des Kometen 1930 V (Forbes), 15 Seiten. S 13.60

**1952 (S II a, Bd. 161):**

Ferrari d'Occhieppo K.: Die Häufigkeitsfunktion der Sternmassen (mit 3 Abbildungen), 31 Seiten. S 22.50
Hopmann J.: Selenodätische Untersuchungen, 46 Seiten. S 23.90
Krumpholz H.: Beobachtungen von Kometen und von (433) Eros, 2 Seiten. S 2.20
Nikoloff I.: Photographische Positionen am Normal-Astrographen, 2 Seiten. S 2.20
Schütte K.: Galaktozentrische Bahnelemente von 1026 Fixsternen in der nächsten Umgebung der Sonne (mit 3 Abbildungen), 72 Seiten. S 27.—
Schrutka-Rechtenstamm G.: Definitive Bahnbestimmung des Kometen 1930 III, 21 Seiten. S 8.—

**1953 (S IIa, Bd. 162):**

Eichhorn H.: Ein verkürztes Verfahren zur exakten Bestimmung von Schrauben- oder Skalenfehlern und Untersuchung des Töpferschen Meßapparates der Wiener Universitäts-Sternwarte (mit 1 Abbildung und 1 Tafel). S 21.50
Hopmann J.: Photometrie von 420 visuellen Doppelsternen. S 35.80
Hopmann J.: Beobachtungen der totalen Mondesfinsternis vom 30. Jänner 1953 auf der Universitäts-Sternwarte Wien (mit 4 Abbildungen). S 18.70
Hopmann J.: Photometrisch-kolorimetrische Beobachtungen von visuellen Doppelsternen. S 19.20
Schrutka-Rechtenstamm G.: Definitive Bahnbestimmung des Kometen 1932 V (Peltier-Whipple). S 29.40
Schütte K.: Galaktozentrische Bahnelemente von 1026 Fixsternen in der nächsten Umgebung der Sonne (mit 5 Abbildungen). S 27.—
Widorn Th.: Die atmosphärischen Verhältnisse bei astronomischen Beobachtungen in Wien (mit 7 Abbildungen). S 7.20

**1954 (S II, Bd. 163):**

Ferrari d'Occhieppo K.: Leuchtkraftfunktionen und Heß-Diagramm im Bereich der Weißen Zwerg-Sterne (mit 2 Abbildungen). S 14.30
Hopmann J.: Photometrisch-kolorimetrische Beobachtungen von visuellen Doppelsternen. II. Beobachtungen mit dem Rotkeil-Kolorimeter. S 14.90
Hopmann P.: Photometrisch-kolorimetrische Beobachtungen von visuellen Doppelsternen. III. Beobachtungen mit dem Blau-Rot-Keil-Kolorimeter. Diskussion des Gesamtmaterials. Die Farbenhelligkeitsverteilung. S 21.30
Hopmann J.: Der Doppelstern ADS 11632. S 14.30

ISBN 978-3-662-24351-0      ISBN 978-3-662-26468-3 (eBook)
DOI 10.1007/978-3-662-26468-3

# Definitive Bahnbestimmung des Kometen 1957 V (Mrkos)

Von

**Guntram Schrutka-Rechtenstamm** (Wien)

(Vorgelegt in der Sitzung am 10. November 1960)

Der Komet 1957 V wurde Ende Juli und Anfang August von mehreren Beobachtern unabhängig voneinander zuerst gesehen (Sukehiro Kuragano, Jokohama am 29. Juli, der Luftpilot P. Cherbak am 31. Juli, A. Mrkos am 2. August in Lomnický Štít, C. Hare, England ebenfalls am 2. August) und war einer der hellsten Kometen der letzten Zeit. Da es aber ungünstig ist, in den Namen soviele Entdecker aufzunehmen, erhielt der Komet den Namen dessen, dessen Meldung zuerst an das Zentralbüro in Kopenhagen gelangt war, nämlich ,,Mrkos". Er erhielt als vorläufige Bezeichnung 1957 d. Er wurde in den folgenden Monaten August und September von vielen Sternwarten beobachtet. Nachher kam er der Sonne recht nahe, so daß mit den Beobachtungen geschlossen werden mußte (letzte Beobachtung in Perth 21. Okt. 1957). Im nächsten Jahr konnte man ihn auf vier Sternwarten wieder finden. Die letzte Beobachtung stammt vom 9. Juli 1958 aus Flagstaff, so daß ein Bahnbogen von elf Monaten vorliegt.

Bereits Dezember 1957 erfolgte im I. A. U.-Circ. 1629 ein Aufruf von J. G. Porter (Hearstmonceux), ob jemand die definitive Bahnbestimmung dieses Kometen übernehmen möchte, worauf der Verfasser dieser Arbeit sich meldete.

Bis dahin hatten nur einige Sternwarten ihre Beobachtungen veröffentlicht und auch diese nur in schwer verkürzter Form in den I. A. U-Circularen. Da es aber wichtig ist, die Beobachtungen genau zu kennen, wurde an sieben Sternwarten um Mitteilung der genauen Einzelheiten geschrieben und zwar an Barcelona, Bukarest, Flagstaff (Lowell Observatory), Kopenhagen, Krakau, Turku und Uccle. Von diesen Sternwarten waren nämlich in den I. A. U-Circularen Beobachtungen erschienen, die sich als genau genug erwiesen, daß sich eine genauere Nachforschung lohnen konnte.

Die Sternwarte Perth hatte auch gute photographische Platten erhalten. Da aber dort kein geeigneter Plattenmeßapparat vorhanden war, kam man auf deren Angebot nach einigen Verhandlungen überein, daß ihre Platten nach Wien gesandt wurden. Diese wurden dann hier von Herrn K. Haidrich am Plattenmeßapparat von Töpfer vermessen und dann wieder nach Perth zurückgesandt. Der Sternwarte Perth spreche ich hiemit meinen besten Dank aus, daß sie mir ihr wertvolles Material auf diese Weise zur Verfügung stellte.

Ähnliches geschah auch auf der Sternwarte Flagstaff. Als ich an das Lowell Observatory wegen der Beobachtung von Giclas schrieb, erfuhr ich, daß auch auf der Filiale des Naval Observatory Elizabeth Roemer eine Reihe von Aufnahmen geglückt sind. Diese Aufnahmen sind deshalb besonders wertvoll, da sie zu einer Zeit durchgeführt worden sind, wo der Komet schon so lichtschwach war, daß er sonst nirgends mehr beobachtet werden konnte.

Da es aber infolge von Arbeitsüberhäufung ihr nicht möglich war, diese rechtzeitig zu reduzieren, andererseits ich die Bahnberechnung abschließen wollte, machte ich ihr das Angebot, die Vermessung der Platten selbst zu übernehmen. Daraufhin sandte sie mir Glaskopien (Negative) dieser Platten. Diese wurden dann ebenfalls von K. Haidrich vermessen und von mir reduziert. Erfahrungsgemäß liefern Glaskopien bei Positionsbestimmungen praktisch genau so gute Resultate wie die Originale, so daß diese Messungen als vollwertig anzusehen sind. Auch Frau Dr. Roemer spreche ich hiemit für die Übersendung ihres wertvollen Materials meinen besten Dank aus.

Leider konnte ich nicht die 29 photographischen Beobachtungen von Güntzel-Lingner am Potsdamer großen Refraktor (1957 Aug. 11 — Sept. 12) verwenden, da diese bis jetzt noch nicht in meine Hände gelangt sind.

## Liste der Beobachtungen

Positionsmessungen liegen von folgenden Sternwarten vor:

| Sternwarte | Beobachter | Quelle |
|---|---|---|
| Abastumani | G. Salukwadse (phot.) S. P. Apriamaschili | Russ. Astr. Circ. 190 |
| Barcelona | I. Polít (phot.) | I. A. U.-Circ. 1618, 1621 genauer brieflich mitgeteilt |
| Bukarest | St. Vlaicu und G. Popovici (phot.) | I. A. U.-Circ. 1617, 1628, 1632 genauer brieflich mitgeteilt |
| China: Nanking Purplemountain | Chang, Chiu-hsiang | brieflich mitgeteilt |
| Zô-Sè | Lihen | |
| Flagstaff Lowell Obs. | H. L. Giclas (phot.) | I. A. U.-Circ. 1615 genauer brieflich mitgeteilt |
| Flagstaff Filiale des Naval Obs. | E. Roemer | Glaskopien nach Wien gesandt, diese hier vermessen |
| Hartebeespoort | J. A. Bruwer (phot.) | I. A. U.-Circ. 1644 Union Circ. Nr. 118 |
| Kasan | Sch. T. Chabibullin u. K. S. Schakirow (beide phot.) | Russ. Astr. Circ. 193 |
| Kiew Univers. Obs. | S. K. Wsechwiatsky (phot.) | Russ. Astr. Circ. 191 |
| Kiew Obs. d. Akad. d. Wiss. | E. Nowoborskaja (phot.) | Russ. Astr. Circ. 203 |
| Kopenhagen | Sv. Laustsen (phot.) E. Hög und Sv. Laustsen (beide vis.) | Publ. Kopenhagen Nr. 172 I. A. U.-Circ. 1610, 1611, 1612 genauer brieflich mitgeteilt |
| Krakau | J. Kordylewski (phot.) | Acta astr. 7, 218—220 |
| Lick | H. M. Jeffers und J. Gibson (beide phot.) | A. J. 65, 163 |
| Perth | H. S. Spigl und B. J. Harris (beide phot.) | I. A. U.-Circ. 1629 (genähert) zur genaueren Vermessung nach Wien gesandt und da vermessen |
| Pulkowo | Wan Lai | brieflich mitgeteilt |
| Santiago de Chile | A. Gutiérrez (phot.) | A. N. 284, 176 |

| Sternwarte | Beobachter | Quelle |
|---|---|---|
| Tartu | Ch. Raudsaar (phot.) | I. A. U.-Circ. 1616 Russ. Astr. Circ. 190 |
| Turku | H. Rantaseppä (phot.) | I. A. U.-Circ. 1612, 1613, 1615, 1632 genauer brieflich mitgeteilt |
| Uccle | F. Rigaux, S. Arend (phot.) | I. A. U.-Circ. 1617 genauer brieflich mitgeteilt |
| Wien | P. Jackson (phot.) A. Purgathofer (vis.) | Anz. Ak. d. Wiss. Wien 1957, 268—273 = Mitt. Sternw. Wien 9, 171—176 |
| Williamsbay und McDonald | G. van Biesbroeck (phot.) | brieflich mitgeteilt |

Außerdem gibt es noch in I. A. U.-Circ. 1611, 1613, 1614 und 1617 Beobachtungen aus Skalnaté Pleso, Prag, Potsdam und Rom, die sich aber für die Bahnbestimmung als zu ungenau erwiesen. Da vieles Material nur brieflich mitgeteilt wurde, einiges sogar erst in Wien vermessen wurde, ist es notwendig, dieses hier zunächst mitzuteilen, bevor über die eigentliche Bahnbestimmung berichtet wird[1].

## Mitteilungen über noch nicht oder nur teilweise publizierte Beobachtungen

### A. Beobachtungen aus Perth

Die Aufnahmen wurden am photographischen Refraktor der Sternwarte Perth (o = 33 cm, f = 3,46 m) von den Beobachtern H. S. Spigl und B. J. Harris gemacht. Auf den meisten dieser Platten befinden sich zwei Aufnahmen mit um einige Minuten verschiedenen Aufnahmszeiten. Die Reduktion erfolgte über das Verfahren der Dependences (Comrie JBAA 39, 203—209, 1929).

---

[1] Hiebei wurden die Örter immer soweit publiziert, daß es einem etwaigen späteren Bearbeiter möglich ist, diese Örter neu zu reduzieren (etwa mit noch besseren Vergleichssternörtern). So wurden die dafür wichtigen Dependences mitgeteilt, wenn ich sie zur Verfügung hatte und diese nicht anderwärtig publiziert wurden. Hingegen führte ich aus Platzersparnis die hiefür ziemlich belanglosen von mir adoptierten Vergleichssternörter nicht an (siehe übrigens S. 207).

Definitive Bahnbestimmung des Kometen 1957 V (Mrkos)

Es ergaben sich folgende Örter:

| Platte | Weltzeit 1957 | α 1957,0 | δ 1957,0 | Vergleichs-sterne |
|---|---|---|---|---|
| 10007 | Aug. 30,45088 | $13^h16^m44\overset{s}{,}19$ | $+19°37'30\overset{''}{,}5$ | 1, 2, 3 |
|  | 30,45261 | 13 16 44,87 | + 19 37 22,5 | 1, 2, 3 |
| 10009 | Aug. 31,46354 | 13 22 21,74 | + 18 31 26,4 | 4, 5, 6 |
|  | 31,46436 | 13 22 22,00 | + 18 31 24,9 | 4, 5, 6 |
| 10012 | Sept. 2,46500 | 13 32 40,56 | + 16 25 39,0 | 7, 8, 9 |
|  | 2,46655 | 13 32 41,06 | + 16 25 32,0 | 7, 8, 9 |
| 10013 | Sept. 6,46979 | 13 50 37,61 | + 12 33 26,7 | 10, 11, 12 |
|  | 6,47084 | 13 50 37,65 | + 12 33 24,4 | 10, 11, 12 |
| 10015 | Sept. 7,46777 | 13 54 36,76 | + 11 39 57,8 | 13, 14, 15 |
|  | 7,46916 | 13 54 37,08 | + 11 39 53,0 | 13, 14, 15 |
| 10016 | Sept. 11,47100 | 14 9 9,13 | + 8 20 22,6 | 16, 17, 18 |
|  | 11,47377 | 14 9 9,68 | + 8 20 13,6 | 16, 17, 18 |
| 10017 | Sept. 23,48167 | 14 42 47,57 | + 0 29 40,7 | 19, 20, 21 |
|  | 23,48524 | 14 42 48,20 | + 0 29 35,7 | 19, 20, 21 |
| 10018 | Sept. 27,47003 | 14 51 49,44 | − 1 33 18,5 | 22, 23, 24 |
|  | 27,47662 | 14 51 49,90 | − 1 33 26,8 | 22, 23, 24 |
| 10019 | Sept. 28,48254 | 14 53 59,60 | − 2 2 23,6 | 25, 26, 27 |
|  | 28,48763 | 14 54 0,23 | − 2 2 31,9 | 25, 26, 27 |
| 10020 | Sept. 29,47150 | 14 56 4,42 | − 2 30 4,9 | 28, 29, 30 |
|  | 29,47427 | 14 56 4,71 | − 2 30 8,8 | 28, 29, 30 |
| 10021 | Okt. 1,47818 | 15 0 10,38 | − 3 24 3,1 | 31, 32, 33 |
|  | 1,48123 | 15 0 10,68 | − 3 24 5,6 | 31, 32, 33 |
| 10022 | Okt. 5,47685 | 15 7 55,46 | − 5 3 32,4 | 34, 35, 36 |
|  | 5,48065 | 15 7 55,66 | − 5 3 37,0 | 34, 35, 36 |
| 10025 | Okt. 15,48591 | 15 25 24,52 | − 8 34 3,4 | 37, 38, 39 |
| 10026 | Okt. 21,49036 | 15 34 55,14 | − 10 19 31,5 | 40, 41, 42 |

Die Vergleichssterne und die bei der Reduktion ermittelten Dependences waren:

| Vgl. St. | BD | Dependences | | Vgl. St. | BD | Dependences | |
|---|---|---|---|---|---|---|---|
| 1 | + 20°2815 | 0,09166 | 0,08679) | 7 | + 17°2645 | 0,28336 | 0,27519) |
| 2 | + 20°2824 | 0,45495 | 0,45744} | 8 | + 16°2527 | 0,44030 | 0,44603} |
| 3 | + 19°2659 | 0,45339 | 0,45577) | 9 | + 17°2651 | 0,27634 | 0,27878) |
| 4 | + 18°2728 | 0,67891 | 0,67852) | 10 | + 12°2634 | 0,50098 | 0,50118) |
| 5 | + 19°2670 | 0,15557 | 0,15445} | 11 | + 13°2718 | 0,31069 | 0,30995} |
| 6 | + 19°2675 | 0,16552 | 0,16703) | 12 | + 12°2640 | 0,18833 | 0,18887) |

| Vgl. St. | BD | Dependences | | Vgl. St. | BD | Dependences | |
|---|---|---|---|---|---|---|---|
| 13 | + 11°2610 | 0,34660 | 0,34572) | 28 | − 2°3912 | 0,23119 | 0,22926) |
| 14 | + 12°2643 pr | 0,48196 | 0,48062} | 29 | − 2°3921 | 0,38724 | 0,39137} |
| 15 | + 11°2616 | 0,17144 | 0,17366) | 30 | − 1°3005 | 0,38157 | 0,37937) |
| 16 | + 8°2821 | 0,33638 | 0,33211) | 31 | − 3°3707 | 0,29368 | 0,29301) |
| 17 | + 8°2826 | − 0,13179 | −0,11950} | 32 | − 2°3931 | 0,31431 | 0,31246} |
| 18 | + 9°2858 | 0,79541 | 0,78739) | 33 | − 3°3717 | 0,39201 | 0,39453) |
| 19 | + 0°3228 | 0,43231 | 0,42981) | 34 | − 4°3816 | 0,44379 | 0,44258) |
| 20 | + 1°2972 | 0,45321 | 0,45266} | 35 | − 4°3828 | 0,48151 | 0,48361} |
| 21 | + 0°3243 | 0,11448 | 0,11753) | 36 | − 4°3832 | 0,07470 | 0,07381) |
| 22 | − 0°2895 | 0,25635 | 0,25166) | 37 | − 7°4024 | 0,23442) | |
| 23 | − 1°2996 | 0,69027 | 0,69523} | 38 | − 8°3979 | 0,52688} | |
| 24 | − 0°2906 | 0,05338 | 0,05311) | 39 | − 8°3986 | 0,23870) | |
| 25 | − 1°2997 | 0,69764 | 0,69456) | 40 | − 9°4173 | 0,09502) | |
| 26 | − 1°2999 | 0,11602 | 0,11609} | 41 | − 10°4132 | 0,83459} | |
| 27 | − 2°3921 | 0,18634 | 0,18935) | 42 | − 9°4194 | 0,07039) | |

1957 Okt. 13 wurde auch noch eine Aufnahme gemacht (Platte 10024), doch war auf dieser der Komet derart undeutlich (kaum zu sehen), daß von einer Vermessung abgesehen wurde. Auch auf den Platten von Okt. 15 und Okt. 21 war er ebenfalls recht undeutlich, doch konnte er immerhin noch gemessen werden, wenn auch unsicher.

### B. Beobachtungen aus Flagstaff

Auf der Lowell-Sternwarte wurde eine Platte von H. L. Giclas mit dem 13 zölligen photogr. Refraktor (f = 1,69 m) aufgenommen. Der Kometenort wurde bereits in den I. A. U.-Circularen publiziert, doch ließ ich mir von Herrn Giclas die Dependences geben. Sie lauten:

| I. System | | II. System | |
|---|---|---|---|
| BD + 37°2151 | 0,39660 | BD + 36°2141 | 0,44823 |
| BD + 36°2146 | 0,36268 | BD + 37°2145 | 0,10935 |
| BD + 36°2147 | 0,24072 | BD + 36°2150 | 0,44242 |

Weiters gelangen auf der Flagstaff Station des Naval Observatory E. Roemer vorzügliche Aufnahmen (am 40 Zoll Reflektor, f = 6,95 m). Bei diesen Aufnahmen war vorgesehen, daß man mittels eines Sternes nachführen konnte, daß aber die Kassette entsprechend der Bewegung des Kometen nach der Ephemeride verschoben wurde, so daß der Komet scharf erschien und die Sterne als Striche. Auf diese Art konnte bis zu 1 Stunde exponiert werden und der Komet noch erscheinen, wenn er auch schon sehr lichtschwach war.

Von diesen Platten wurden, wie schon erwähnt, Glaskopien nach Wien gesandt und diese hier vermessen. Die Platten hatten ein Format von 10 × 11,7 cm, was bei der großen Brennweite ein kleines Gesichtsfeld bedeutet. Dies hatte zur Folge, daß es Schwierigkeiten machte, geeignete Vergleichssterne zu finden. Bei den Aufnahmen 1957 Sept. 15 und 1958 Febr. 17 konnten fast nur Sterne der photograph. Himmelskarte Verwendung finden, ja 1958 Febr. 17 war sogar dies nicht leicht, da sich am Ort des Kometen eine ausgesprochene Dunkelwolke der Milchstraße befindet. Es konnten daher bei 1958 Febr. 17 nur vier Sterne gefunden werden, die in der photograph. Himmelskarte vorkommen und auch diese nur auf zwei verschiedenen Platten der photogr. Himmelskarte (bei einer der beiden Platten dazu noch ein Stern des Yale-Katalogs hart am Rand). Um nun trotzdem etwas sicherere Ergebnisse zu erhalten, wurden die Plattenkonstanten dieser Platten neu bestimmt. Bei den späteren Platten fanden sich in Cape Ann. 17 stets zureichend Anhaltsterne, doch ließen meist deren Eigenbewegungen zu wünschen übrig.

Als Meßkoordinaten ergaben sich:

| 1957 September | 15,10838 | | 15,15028 | |
|---|---|---|---|---|
| | $x$ | $y$ | $x$ | $y$ |
| Tou ph + 6°14$^h$16$^m$ 85 | + 16,518 | + 67,964 | + 16,514 | + 67,931 |
| BD + 5°2870 | + 18,218 | + 62,766 | + 18,315 | + 62,764 |
| Tou ph + 6°14$^h$16$^m$ 92 | − 11,388 | − 4,979 | − 9,898 | − 5,267 |
| Tou ph + 6°14$^h$16$^m$ 96 | + 26,667 | + 18,510 | + 27,690 | + 18,903 |
| Tou ph + 6°14$^h$16$^m$ 98 | + 41,800 | + 23,018 | + 42,731 | + 23,733 |
| Tou ph + 6°14$^h$16$^m$ 31 | + 2,678 | − 32,116 | + 4,702 | − 32,030 |
| Tou ph + 6°14$^h$16$^m$ 32 | − 8,839 | − 60,873 | − 6,218 | − 61,004 |
| BD + 5°2873 | + 59,819 | + 55,893 | + 60,044 | + 56,862 |
| Komet | + 4,546 | − 2,530 | + 16,317 | − 2,404 |

| 1958 Februar | 17,52346 || 17,53593 ||
|---|---|---|---|---|
| | x | y | x | y |
| Co D − 25°12175 | + 104,218 | − 64,294 | + 103,947 | − 64,275 |
| Co D − 25°12178 | + 67,504 | − 72,162 | + 67,692 | − 73,951 |
| Co D − 25°12182 | + 30,800 | − 2,789 | + 27,594 | − 6,478 |
| Co D − 25°12184 | − 53,713 | + 27,966 | − 58,328 | + 20,076 |
| Co D − 26°12152 | − | − | − 112,079 | + 3,237 |
| Komet | + 3,265 | − 2,813 | − 0,177 | − 7,906 |

| 1958 April | 25,42704 || 25,45336 ||
|---|---|---|---|---|
| | x | y | x | y |
| Co D − 30°13671 | + 34,486 | + 19,420 | + 34,330 | + 20,168 |
| Co D − 30°13665 | + 50,992 | + 33,508 | + 50,815 | + 34,275 |
| Co D − 30°13675 | + 33,401 | − 56,367 | + 33,375 | − 55,630 |
| Co D − 30°13709 | − 105,027 | + 25,295 | − 105,207 | + 25,755 |
| Co D − 30°13699 | − 77,247 | + 55,326 | − 77,461 | + 55,852 |
| Komet | − 7,167 | − 23,573 | − 5,596 | − 22,995 |

| 1958 Mai | 12,35723 || 12,37940 ||
|---|---|---|---|---|
| | x | y | x | y |
| Co D − 31°13099 | − 60,634 | − 61,990 | − 60,612 | − 61,314 |
| Co D − 31°13097 | − 59,189 | + 9,138 | − 60,524 | + 9,835 |
| Co D − 31°13083 | − 28,672 | + 34,692 | − 30,508 | + 35,981 |
| Co D − 31°13043 | + 83,779 | + 7,108 | + 82,418 | + 10,622 |
| Co D − 31°13045 | + 79,375 | + 12,126 | + 77,918 | + 15,567 |
| Co D − 31°13037 | + 101,804 | + 0,309 | + 100,562 | + 4,175 |
| Komet | − 5,370 | − 52,058 | − 3,933 | − 50,205 |

| 1958 Juni | 23,25507 || 23,30008 ||
|---|---|---|---|---|
| | x | y | x | y |
| Co D − 31°12300 | − 82,053 | − 75,200 | − 82,065 | − 75,038 |
| Co D − 31°12301 | − 77,292 | − 4,867 | − 77,278 | − 4,683 |
| Co D − 30°12566 | − 89,529 | + 27,818 | − 89,481 | + 28,000 |
| Co D − 31°12253 | + 52,599 | − 83,122 | + 52,550 | − 82,900 |
| Komet | + 16,220 | − 5,913 | + 18,460 | − 5,779 |

| 1958 Juli | 9,19851 || 9,24560 ||
|---|---|---|---|---|
| | x | y | x | y |
| Co D − 30°12336 | + 77,674 | − 58,585 | + 81,134 | − 55,958 |
| Co D − 30°12340 | + 69,400 | + 2,852 | + 71,244 | + 5,227 |
| Co D − 30°12362 | − 2,602 | − 1,508 | − 0,626 | − 1,099 |
| Co D − 30°12372 | − 17,855 | + 74,888 | − 17,869 | + 74,811 |
| Komet | + 18,191 | + 2,489 | + 21,656 | + 3,472 |

Definitive Bahnbestimmung des Kometen 1957 V (Mrkos)

Diese Messungen wurden dann nach dem Turner'schen Verfahren reduziert, wobei die Plattenkonstanten durch Ausgleich bestimmt wurden. Es ergaben sich folgende Örter:

| Weltzeit | α 1957,0 | δ 1957,0 | Exp.-Zeit |
|---|---|---|---|
| 1957 Sept. 15,10838 | $14^h20^m39,330^s$ | + 5°39' 9",43 | $30^s$ [1] |
| Sept. 15,15028 | 14 20 46,755 | + 5 37 23,39 | $30^s$ [1] |
| | α 1958,0 | δ 1958,0 | |
| 1958 Febr. 17,52346 | $17^h27^m38^s734$ | − 25°54'51",18 | $10^m$ |
| Febr. 17,53593 | 17 27 38,886 | − 25 54 54,79 | $10^m$ |
| April 25,42704 | 16 57 12,745 | − 30 57 47,31 | $30^m$ |
| April 25,45336 | 16 57 10,894 | − 30 57 53,47 | $30^m$ |
| Mai 12,35723 | 16 35 42,212 | − 31 37 14,72 | $30^m$ |
| Mai 12,37940 | 16 35 40,318 | − 31 37 15,79 | $30^m$ |
| Juni 23,25507 | 15 44 47,528 | − 31 12 1,07 | $60^m$ |
| Juni 23,30008 | 15 44 44,957 | − 31 11 56,96 | $60^m$ |
| Juli 9,19851 | 15 32 41,428 | − 30 41 37,43 | $60^m$ |
| Juli 9,24560 | 15 32 39,643 | − 30 41 32,05 | $60^m$ |

[1] Für 1957 Sept. 15,10838 und 15,15028 liegen auch Messungen vor, die in Berkeley erfolgt sind. Sie ergeben für die Sekundenziffern nur sehr wenig verschieden: $39^s,345$ und 9",84 bzw. $46^s,748$ und 23",48.

C. Beobachtungen am Yerkes und McDonald Observatory

Van Biesbroeck sandte mir folgende photographischen Beobachtungen:

| Weltzeit 1957 | α 1957,0 | δ 1957,0 | Exp. Zeit | Verwendetes Instrument |
|---|---|---|---|---|
| Aug. 22,10627 | $12^h16^m26^s,54$ | + 29°19' 2",6 | $4^s$ | 82" McDonald Obs. |
| Sept. 1,07753 | 13 25 37,92 | + 17 52 2,9 | $1^m$ | 24" Yerkes Obs. |
| 3,08905 | 13 35 41,62 | + 15 47 40,0 | $1^m$ | 24" ,, ,, |
| 9,07080 | 14 0 42,47 | + 10 16 55,8 | $1^m$ | 24" ,, ,, |
| 13,05902 | 14 14 21,12 | + 7 7 39,1 | $1^m$ | 24" ,, ,, |
| 16,07913 | 14 23 30,22 | + 4 59 6,6 | $1^m$ | 24" ,, ,, |
| 23,07325 | 14 41 49,74 | + 0 42 57,0 | $1^m$ | 24" ,, ,, |
| 24,06742 | 14 44 10,46 | + 0 10 36,6 | $1^m$ | 24" ,, ,, |
| 25,05765 | 14 46 27,64 | − 0 20 39,3 | $1^m$ | 24" ,, ,, |

| Weltzeit 1957 | α 1957,0 | δ 1957,0 | Exp.-zeit | Verwendetes Instrument |
|---|---|---|---|---|
| Sept. 27,05241 | 14 50 55,02 | — 1 21 8,1 | $1^m$ | 24″ Yerkes Obs. |
| 29,04014 | 14 55 10,36 | — 2 18 11,2 | $1^m$ | 24″ ,, ,, |
| 30,05123 | 14 57 16,57 | — 2 46 1,0 | $1^m$ | 24″ ,, ,, |
| Okt. 1,05058 | 14 59 16,77 | — 3 12 48,9 | $1^m$ | 24″ Yerkes Obs. |
| 2,04119 | 15 1 18,01 | — 3 38 44,8 | $1^m$ | 24″ ,, ,, |
| 2,04571 | 15 1 18,44 | — 3 38 52,1 | $1^m$ | 24″ ,, ,, |
| 3,04236 | 15 3 16,21 | — 4 4 15,1 | $1^m$ | 24″ ,, ,, |
| 4,03956 | 15 5 11,95 | — 4 29 2,0 | $1^m$ | 24″ ,, ,, |
| 5,03792 | 15 7 6,02 | — 4 53 12,4 | $1^m$ | 24″ ,, ,, |
| 1958 | α 1958,0 | δ 1958,0 | | |
| Jan. 25,49999 | $17^h 17^m 42,70$ | — 24° 2′ 32″,1 | | 82″ McDonald Obs. |
| 26,51869 | 17 18 19,02 | — 24 7 38,5 | | 82″ ,, ,, |
| 27,51098 | 17 18 53,29 | — 24 12 35,6 | | 82″ ,, ,, |

Jan. 1958 hatte der Komet nach van Biesbroeck eine Koma von 25″ Durchmesser mit einem zentral kondensierten Kern von 5″ Durchmesser (Totalhelligkeit $15^m,5$).

## D. Beobachtungen aus Bukarest

Diese wurden am Astrographen Prin (o = 38 cm, f = 6 m) auf 24 × 24 cm-Platten erhalten.

Die Dependences waren folgende:

| 1957 Aug. | 10,76896 |
|---|---|
| BD + 38°2094 | + 0,89225 |
| BD + 38°2096 | — 0,11788 |
| BD + 38°2103 | + 0,22563 |

| 1957 Aug. | 11,77511 |
|---|---|
| BD + 38°2117 | + 0,31022 |
| BD + 38°2125 | + 0,60004 |
| BD + 39°2339 | + 0,08974 |

| 1957 Aug. | 12,78506 | 12,78737 |
|---|---|---|
| BD + 37°2083 | + 0,30011 | + 0,28103 |
| BD + 37°2087 | + 0,21010 | + 0,22691 |
| BD + 38°2152 | + 0,48979 | + 0,49206 |

| 1957 Aug. | 14,78919 | 14,79507 |
|---|---|---|
| BD + 37°2133 | + 0,29479 | + 0,28189 |
| BD + 36°2139 | + 0,71288 | + 0,71829 |
| BD + 37°2145 | — 0,00767 | — 0,00018 |

| 1957 Aug. | 17,77984 | 17,78238 | 17,78515 |
|---|---|---|---|
| BD + 34°2230 | + 0,43496 | + 0,42580 | + 0,41723 |
| BD + 33°2129 | + 0,24286 | + 0,24509 | + 0,24658 |
| BD + 34°2239 | + 0,32218 | + 0,32911 | + 0,33619 |

| 1957 Aug.   | 25,75258  | 25,76712  | 25,76989  | 25,77959  |
|-------------|-----------|-----------|-----------|-----------|
| BD + 25°2556 | + 0,12000 | + 0,09900 | + 0,09468 | + 0,08057 |
| BD + 25°2559 | + 0,13004 | + 0,11998 | + 0,11787 | + 0,11118 |
| BD + 25°2561 | + 0,16108 | + 0,17121 | + 0,17320 | + 0,18002 |
| BD + 24°2495 | + 0,17677 | + 0,19613 | + 0,19999 | + 0,21301 |
| BD + 25°2564 | + 0,17005 | + 0,16123 | + 0,15951 | + 0,15358 |
| BD + 26°2402 | + 0,24206 | + 0,25245 | + 0,25475 | + 0,26164 |

| 1957 Aug.   | 29,76659  | 29,78044  | 29,78663  | 29,79152  | 29,79706  |
|-------------|-----------|-----------|-----------|-----------|-----------|
| BD + 20°2809 | + 0,14032 | + 0,13719 | + 0,13612 | + 0,13497 | + 0,13380 |
| BD + 21°2502 | + 0,42138 | + 0,39721 | + 0,38742 | + 0,37779 | + 0,36806 |
| BD + 20°2813 | + 0,25634 | + 0,25576 | + 0,25541 | + 0,25515 | + 0,25486 |
| BD + 20°2814 | + 0,08216 | + 0,09651 | + 0,10229 | + 0,10793 | + 0,11371 |
| BD + 20°2815 | + 0,09980 | + 0,11333 | + 0,11876 | + 0,12416 | + 0,12957 |

| 1957 Sept.  | 9,75213   | 9,75837   | 9,76495   | 9,77325   | 9,78053   |
|-------------|-----------|-----------|-----------|-----------|-----------|
| BD +  9°2835 | + 0,18216 | + 0,18930 | + 0,19708 | + 0,20731 | + 0,21645 |
| BD + 10°2616 | + 0,12143 | + 0,11778 | + 0,11385 | + 0,10847 | + 0,10100 |
| BD + 10°2618 | + 0,15102 | + 0,14582 | + 0,14020 | + 0,13266 | + 0,12401 |
| BD + 10°2630 | + 0,20005 | + 0,19356 | + 0,18648 | + 0,17712 | + 0,16824 |
| BD + 10°2636 | + 0,34534 | + 0,35354 | + 0,36239 | + 0,37444 | + 0,39030 |

Die meisten Beobachtungen stammen von Stefania Vlaicu, die beiden letzten von Gigal Popovici.

### E. Beobachtungen aus Uccle

Diese stammen von F. Rigaux und S. Arend und wurden am Zeiß-Doppelastrographen (o = 40 cm, f = 2 m) aufgenommen. Als Dependences wurden mir mitgeteilt:

| 1957 Aug.    | 22,87913 |
|--------------|----------|
| BD + 29°2280 | 0,20186  |
| BD + 28°2115 | 0,13787  |
| BD + 29°2288 | 0,66027  |

| 1957 Aug.    | 24,84951 |
|--------------|----------|
| BD + 26°2372 | 0,28248  |
| BD + 26°2383 | 0,28697  |
| BD + 26°2385 | 0,43055  |

| 1957 Aug.    | 28,85634 |
|--------------|----------|
| BD + 21°2487 | 0,33661  |
| BD + 21°2494 | 0,27693  |
| BD + 22°2553 | 0,38646  |

### F. Beobachtungen aus China

Von chinesischer Seite erhielt ich als Beobachtungen:

Aus Nanking, Purple Montain (Beobachter Chang Chia-haiang; Beob. mit N-Reflektor o = 60 cm, f = 3 m: Beob. mit T-Refraktor o = 15 cm, f = 1,5 m):

|        | Weltzeit         | α 1950,0         | δ 1950,0      |
|--------|------------------|------------------|---------------|
| T 1203 | 1957 Aug. 14,49343 | 10ʰ51ᵐ30ˢ05    | + 36°45′ 9″,5 |
| T 1204 | 14,49965         | 10 51 33,88      | + 36 44 55,3  |
| T 1206 | 15,49792         | 11  4 24,89      | + 36  2 58,9  |
| T 1207 | 15,50417         | 11  4 28,87      | + 36  2 42,6  |
| N 836  | 19,48913         | 11 50 33,91      | + 32 18 21,3  |
| T 1208 | 19,50109         | 11 50 41,93      | + 32 17 38,1  |
| N 839  | 20,49123         | 12  0 46,77      | + 31 12 18,0  |
| N 851  | 21,49922         | 12 10 30,08      | + 30  3 43,5  |
| N 859  | 22,49924         | 12 19 36,81      | + 28 53 57,4  |
| T 1209 | 24,51355         | 12 36 30,14      | + 26 31  3,2  |
| T 1210 | 25,49792         | 12 44  3,83      | + 25 20 58,7  |
| N 867  | 27,50624         | 12 58 13,37      | + 22 59 32,8  |
| N 875  | 29,49376         | 13 10 48,03      | + 20 43 23,6  |
| T 1246 | 31,49711         | 13 22 13,97      | + 18 31 24,2  |
| N 884  | 1957 Sept. 2,48917 | 13 32 27,33    | + 16 26 13,7  |
| N 885  | 2,49160          | 13 32 27,99      | + 16 26  6,7  |
| T 1251 | 3,48730          | 13 37 14,80      | + 15 25 53,1  |
| T 1252 | 3,49911          | 13 37 17,47      | + 15 25 10,5  |
| T 1253 | 5,51363          | 13 46 16,57      | + 13 28 37,0  |
| T 1254 | 5,52891          | 13 46 20,54      | + 13 27 43,1  |
| T 1255 | 6,49594          | 13 50 22,81      | + 12 34 13,6  |
| T 1256 | 6,50145          | 13 50 24,13      | + 12 33 53,1  |
| T 1257 | 9,48248          | 14  1 52,34      | +  9 58 22,4  |
| T 1258 | 9,48803          | 14  1 53,71      | +  9 58  2,2  |
| T 1259 | 10,48291         | 14  5 25,72      | +  9  9 19,2  |
| T 1260 | 10,48777         | 14  5 26,73      | +  9  9  2,6  |
| T 1261 | 11,47342         | 14  8 48,93      | +  8 22  8,8  |
| N 888  | 22,48809         | 14 40  3,86      | +  1  4 14,9  |
| N 889  | 22,49296         | 14 40  4,53      | +  1  4  4,5  |

Aus Zô-Sè, Shanghai (Refraktor o = 40 cm, f = 6,90 m):

| Weltzeit | α 1950,0 | δ 1950,0 |
|---|---|---|
| 1957 Aug. 18,51383 | 11$^h$39$^m$58$^s$69 | + 33″20′20″3 |
| 22,50953 | 12 19 41,95 | + 28 53 3,2 |
| 23,52412 | 12 28 22,43 | + 27 41 47,8 |
| 27,49063 | 12 58 6,97 | + 23 0 39,1 |
| 27,50140 | 12 58 11,19 | + 22 59 54,7 |
| 28,50660 | 13 4 43,27 | + 21 50 25,0 |
| 29,48004 | 13 10 43,25 | + 20 44 15,9 |
| 29,49346 | 13 10 47,95 | + 20 43 22,8 |
| Sept. 4,50178 | 13 41 51,53 | + 14 26 21,0 |
| 10,47235 | 14 5 22,99 | + 9 9 44,0 |
| 11,47203 | 14 8 48,53 | + 8 22 11,9 |

Aus Pulkowo (beobachtet von Wan Lai, Zo-Sè Obs., damals in Pulkowo):

| Weltzeit | α 1950,0 | δ 1950,0 |
|---|---|---|
| 1957 Aug. 7,88178 | 9$^h$20$^m$22$^s$99 | + 37°40′20″6 |
| 8,86382 | 9 33 53,35 | + 37 59 58,7 |
| 9,87080 | 9 47 57,28 | + 38 9 26,2 |
| 10,86392 | 10 1 53,57 | + 38 8 32,6 |

### G. Beobachtungen aus Turku

Die Aufnahmen wurden mit dem anastigmatischen Spiegelteleskop (o = 50 cm, f = 1,03 m) erhalten.

Die Dependences dieser Messungen waren:

| | | | | |
|---|---|---|---|---|
| 1957 Aug. 4,9785 | AGK$_2$ | + 36°868 | + 36°869 | + 35°860 |
| | | + 1,750 | − 1,131 | + 0,381 |
| 5,9028 | AGK$_2$ | + 36°880 | + 36°882 | + 35°879 |
| | | + 0,425 | + 0,393 | + 0,182 |
| 5,9226 | AGK$_2$ | + 36°880 | + 36°881 | + 35°879 |
| | | − 1,359 | + 1,698 | + 0,661 |
| 6,8926 | AGK$_2$ | + 37°979 | + 36°901 | + 37°984 |
| | | + 0,399 | + 0,819 | − 0,218 |
| 6,9464 | AGK$_2$ | + 37°979 | + 36°901 | + 37°984 |
| | | + 0,336 | + 0,607 | + 0,057 |

| | | | | | |
|---|---|---|---|---|---|
| 6,9751 | AGK$_2$ | $+37°979$ | $+36°901$ | $+37°984$ | |
| | | $+0,303$ | $+0,496$ | $+0,201$ | |
| 8,8946 | AGK$_2$ | $+37°1013$ | $+38°1007$ | $+38°1009$ | |
| | | $+0,652$ | $+0,065$ | $+0,283$ | |
| 16,9208 | AGK$_2$ | $+35°1088$ | $+34°1142$ | $+34°1146$ | |
| | | $+0,425$ | $+0,351$ | $+0,224$ | |
| 21,8732 | AGK$_2$ | $+29°1251$ | $+29°1253$ | $+29°1255$ | $+29°1258$ |
| | | $+0,190$ | $+0,093$ | $+0,508$ | $+0,209$ |
| 24,8700 | Yale $+25°$ bis $30°$ | 6200 | 6203A | 6219 | |
| | | | $+0,471$ | $+0,226$ | $+0,303$ |

Die Dependences haben hier so ungünstige Werte, da die Nächte damals hell waren, man daher zu kurzen Expositionszeiten genötigt war, so daß außer dem Kometen nur die hellsten Sterne auf den Platten waren.

### H. Die visuellen Beobachtungen aus Kopenhagen

Bei diesen sind mir nur für die Beobachtungen von Aug. 5 und 6 nähere Details mitgeteilt worden. Diese lauten nach einer Mitteilung von Erik Hög:

| Weltzeit | α 1957,0 | δ 1957,0 | Vergleichsstern |
|---|---|---|---|
| Aug. 5 $20^h50^m,9$ | $8^h54^m17^s42$ | $+36°27,28'',8$ | BD $+36°1888$ |
| 20 54,0 | 19,91 | 27 39,4 | BD $+37°1927$ |
| 21 5,5 | 25,62 | 27 58,8 | BD $+37°1927$ |
| 21 11,5 | 28,50 | 28 5,8 | BD $+36°1888$ |
| 21 16,8 | 31,88 | 28 21,6 | BD $+37°1927$ |
| Aug. 6 1 40,7 | 8 56 51,94 | $+36°36\ 20,9$ | BD $+36°1888$ |
| 1 46,3 | 54,74 | 36 29,5 | BD $+36°1888$ |
| 1 52,7 | 58,13 | 36 42,5 | BD $+36°1888$ |

Die Mittel aus diesen Messungen sind dann in den I. A. U.-Circularen gegeben. Dabei wurden als Vergleichssternörter die des AGK$_2$ benutzt, nämlich (für Äqu. 1957,0)

BD $+36°1888$    $8^h53^m13,09$    $+36°21'41'',9$
BD $+37°1927$    24,72    36 20,1

## I. Beobachtungen aus Barcelona

Bei diesen wurden folgende Dependences mir mitgeteilt:

| 1957 Aug. | 20,81695 | 1957 Sept. | 7,81511 |
|---|---|---|---|
| BD + 31°2327 | 0,29103 | BD + 11°2610 | 0,13964 |
| BD + 31°2328 | 0,54314 | BD + 12°2646 | 0,42375 |
| BD + 31°2331 | 0,16583 | BD + 11°2616 | 0,43661 |
| 1957 Aug. | 22,81762 | 1957 Sept. | 10,80173 |
| BD + 29°2284 | 0,69272 | BD + 9°2848 | 0,27559 |
| BD + 28°2111 | 0,10885 | BD + 8°2816 | 0,36267 |
| BD + 28°2116 | 0,19843 | BD + 9°2857 | 0,36174 |
| 1957 Aug. | 30,80977 | 1957 Sept. | 16,81468 |
| BD + 19°2659 | 0,36160 | BD + 5°2879 | 0,10221 |
| BD + 18°2721 | 0,16828 | BD + 5°2880 | 0,00775 |
| BD + 20°2830 | 0,47012 | BD + 4°2866 | 0,89004 |
| 1957 Aug. | 31,80426 | | |
| BD + 18°2728 | 0,20389 | | |
| BD + 18°2736 | 0,52814 | | |
| BD + 19°2675 | 0,26797 | | |

### Ausgangsbahn und Störungen

Die Ausgangsbahn wurde aus 2 Beobachtungen aus Wien (1957 Aug. 10,81964 und Sept. 7,79425) und einer aus Yerkes (1957 Okt. 3,04236) nach der Bahnbestimmungsmethode für Parabeln bestimmt.

Diese Bahn lautet (die geom. Elemente sind hier äquatoreal)

$$T = 1957 \text{ Aug. } 1,44136 \qquad i' = 102°30575$$
$$q = 0,3551180 \qquad \Omega' = 70,89456 \quad \text{Äqu.}$$
$$\omega' = 62,49383 \quad 1957,0$$

Auf Grund dieser Bahn wurden die Störungen nach Encke berechnet. Als Oskulationsepoche wurde 1957 Aug. 30,0 gewählt. Die Wahl dieser Epoche hatte folgenden Grund. Am Anfang der Beobachtungen (um Aug. 3 herum) sind die Änderungen derart, daß man nur mit sehr kleinem Intervall (etwa 2 Tage) verläßlich integrieren kann. Bei der von mir gewählten Epoche genügen 5 Tage Intervall (später für 1958 ein 10-Tage-Intervall). Zurück bis Anfang August kann man noch verläßlich genug mit 5-Tage-Intervall integrieren, es wäre dies nur dann kritisch, wenn noch Beobachtungen lang vor dem Perihel zu erfassen gewesen wären (die aber nicht existieren). Würde man aber 1957 Jul. 31 oder Aug. 5 als Oskulationsepoche wählen, dann hätte man Schwierigkeiten bei der Integration der Störungen am Anfang des Intervalls.

Berücksichtigt wurden als störende Planeten Venus, Erde (+ Mond), Jupiter und Saturn, der Einfluß der übrigen ist offenbar belanglos.

Als Störungen ergaben sich in rechtwinkeligen äquatorealen Koordinaten (in Einheiten der 7. Dezimale der Astronomischen Einheit):

| 1957 | | $\xi'$ | $\eta'$ | $\zeta'$ | 1958 | | $\xi'$ | $\eta'$ | $\zeta'$ |
|---|---|---|---|---|---|---|---|---|---|
| Juli | 26 | − 4 | + 9 | − 22 | Jan. | 7 | − 315 | + 323 | − 7 |
| | 31 | − 2 | + 10 | − 15 | | 17 | − 379 | + 371 | 0 |
| Aug. | 5 | − 2 | + 8 | − 9 | | 27 | − 449 | + 423 | + 9 |
| | 10 | − 1 | + 6 | − 5 | Febr. | 6 | − 526 | + 479 | + 20 |
| | 15 | − 1 | + 3 | − 3 | | 16 | − 608 | + 541 | + 35 |
| | 20 | − 1 | + 2 | − 1 | | 26 | − 697 | + 608 | + 54 |
| | 25 | 0 | 0 | 0 | März | 8 | − 792 | + 682 | + 78 |
| | 30 | 0 | 0 | 0 | | 18 | − 893 | + 764 | + 107 |
| Sept. | 4 | 0 | 0 | 0 | | 28 | − 1003 | + 854 | + 142 |
| | 9 | − 1 | + 2 | − 1 | April | 7 | − 1120 | + 953 | + 185 |
| | 14 | − 1 | + 4 | − 3 | | 17 | − 1245 | + 1062 | + 235 |
| | 19 | − 2 | + 8 | − 4 | | 27 | − 1381 | + 1182 | + 293 |
| | 24 | − 4 | + 13 | − 6 | Mai | 7 | − 1526 | + 1312 | + 362 |
| | 29 | − 6 | + 19 | − 7 | | 17 | − 1683 | + 1455 | + 440 |
| Okt. | 4 | − 9 | + 26 | − 9 | | 27 | − 1851 | + 1609 | + 529 |
| | 9 | − 13 | + 33 | − 11 | Juni | 6 | − 2032 | + 1775 | + 630 |
| | 14 | − 18 | + 42 | − 12 | | 16 | − 2226 | + 1953 | + 743 |
| | 19 | − 24 | + 52 | − 13 | | 26 | − 2433 | + 2144 | + 869 |
| | 24 | − 31 | + 63 | − 14 | Juli | 6 | − 2655 | + 2348 | + 1009 |
| | 29 | − 39 | + 75 | − 15 | | 16 | − 2890 | + 2564 | + 1163 |
| Nov. | 8 | − 60 | + 101 | − 17 | | | | | |
| | 18 | − 87 | + 130 | − 18 | | | | | |
| | 28 | − 120 | + 163 | − 18 | | | | | |
| Dez. | 8 | − 159 | + 198 | − 17 | | | | | |
| | 18 | − 205 | + 237 | − 15 | | | | | |
| | 28 | − 257 | + 278 | − 11 | | | | | |

Auf Grund obiger Elemente wurde dann unter Mitberücksichtigung obiger Störungen und der Lichtzeit eine Ephemeride für die Zeit von 1957 Juli 28,0 bis Okt. 25,0 berechnet. Beim Vergleich der Beobachtung mit der Rechnung ist dann nur noch die Parallaxe zu berücksichtigen. Die Sonnenörter wurden dabei dem Jahrbuch entnommen, ein Verfahren, das auch nach neuesten Auffassungen richtig ist, wenn man nur unter der Zeit in der Ephemeride die „Ephemeridenzeit" versteht. Man muß daher bei jedem Vergleich einer Beobachtung mit der Rechnung zunächst die angegebene Weltzeit in Ephemeridenzeit überführen, bevor man für die Rechnung in die Ephemeride eingeht. Für diese Umwandlung benutzte ich stets den Wert $+ 0\overset{d}{.}00038$ ($= + 33^s$) (im Sinne Eph.-Z. — Weltz.). Diesen Wert erfuhr ich auf eine Anfrage an Dr. Sadler im Nautical Almanac Office, Hearstmonceux, der mir allerdings damals nur provisorische, etwas extrapolierte Werte mitteilen konnte.

Diese Ephemeride soll allerdings hier nicht mitgeteilt werden, sondern an deren Stelle die, die man erhält, wenn man die hier schließlich als definitiv anerkannten Elemente einsetzt.

Für 1958 wurde keine Ephemeride berechnet, sondern nur für jeden Beobachtungszeitpunkt der Ort separat berechnet.

### Vergleich der Beobachtung mit der Ephemeride

Die Beobachtungen wurden nun mit der Ephemeride verglichen. Überall dort, wo Vergleichssterne angegeben waren und die $\Delta\alpha, \Delta\delta$ oder die Dependences, wurde getrachtet den Ort neu zu reduzieren. Zu diesem Zweck wurden sämtliche verfügbaren Örter der Vergleichssterne (aus GFH, Index der Sternörter und neuere Kataloge, insbesondere AGK$_2$[1] und Yale-Kataloge) benutzt, an die die systematischen Korrektionen angebracht wurden (meist nach Boss GC, dazu die Reduktion des Systems Boss GC auf den FK$_3$). Die so erhaltenen Örter wurden in 2 Diagramme eingetragen (Jahr — Rektaszension und Jahr — Deklination) und daraus möglichst genau die Eigenbewegung ermittelt, um einen Ort für die Epoche 1957,7 zu erhalten. Mit diesen Örtern wurde dann der Ort des Kometen neu bestimmt (bei Dependences nach dem Verfahren von Comrie JBAA 39, 203—209, 1929) und auf

---

[1] Die Örter des AGK$_2$ der Bonner Zonen waren bei der ersten Bearbeitung noch im Druck. Ich erhielt sie von Bonn auf eine Anfrage hin mitgeteilt, wofür ich auch hier noch bestens danke.

diese Art die B—R ermittelt. Bei den Beobachtungen von Turku wurden nur die Unterschiede des so ermittelten Ortes gegenüber dem AGK$_2$ ermittelt und diese mit der entsprechenden Dependence multipliziert an den Kometenort angebracht. Das mußte da so geschehen, weil die Dependences zur Ermittlung eines genauen Ortes zu ungenau waren, sie eigneten sich nur zur differentiellen Nachkorrektur. Die Parallaxe wurde jedesmal neu berechnet, etwa angegebene Parallaxfaktoren nur zur Kontrolle verwendet.

Die Berechnung erfolgte in Dezimalteilen des Altgrades.

Auf diese Art wurden die B-R für sämtliche Beobachtungen erhalten. Es werden aber hier nicht diese B-R mitgeteilt, sondern die entsprechenden gegenüber der definitiven Bahn. (Siehe die Tabelle am Schluß).

### Gewichte und Normalörter

Diese B-R wurden dann in Normalörter zusammengefaßt. Dazu muß man aber zunächst das Gewicht einer jeden Beobachtungsreihe ermitteln. Zu diesem Zweck wurden 2 Diagramme angefertigt, bei denen die Abszisse jedesmal die Zeit war, die Ordinate die B-R in $\cos \delta \, \Delta \alpha$ bzw. $\Delta \delta$. Man kann nun annehmen, daß man die Abweichung der richtigen Bahn von der vorläufigen genähert erhält, wenn man durch die eingezeichneten Punkte eine möglichst glatte Kurve legt. Jedenfalls ist das Verfahren genau genug, um die mittlere Abweichung einer Beobachtungsserie von der richtigen Bahn so genau zu bestimmen, daß das Gewicht im wesentlichen richtig herauskommt.

Die Gewichte wurden so festgesetzt, daß der Gewichtseinheit ein mittlerer Fehler von $0°001 \cdot \sqrt{2} = 0°00141$ (etwa $5''$) entspricht (sonst Gewicht verkehrt proportional dem Quadrat des mittleren Fehlers).

So ergaben sich folgende Gewichte:

|  | Gew. in | | | Gew. in | |
| --- | --- | --- | --- | --- | --- |
|  | α | δ |  | α | δ |
| Abastumani ............. | 0 | 0 | China: Nanking ........ | 0 | 0 |
| Barcelona .............. | 0 | 0 | Zô-Sè ............ | 8 | 8 |
| Bukarest (V) ........... | 20 | 40 | Flagstaff L. ........... | 10 | 10 |
| Bukarest (P) ........... | 4 | 4 | Flagstaff N. ........... | 20 | 20 |

|  | Gew. in | |  | Gew. in | |
|---|---|---|---|---|---|
|  | α | δ |  | α | δ |
| Hartebeespoort ......... | 6 | 6 | Tartu ................... | 2 | 2 |
| Kasan ................. | 2 | 2 | Turku .................. | 2 | 2 |
| Kiew (Un) ............. | 1 | 1 | Uccle ................... | 10 | 10 |
| Kiew (Ak) ............. | 0 | 0 | Wien (J) Güte 1 ........ | 10 | 20 |
| Kopenhagen (ph) ........ | 10 | 10 | Güte 2 ........ | 8 | 12 |
| Kopenhagen (v).......... | 1 | 1 | Güte 3 ........ | 1 | 1 |
| Krakau ................. | 0 | 0 | Wien (P) .............. | 8 | 40 |
| Lick ................... | 20 | 20 | Williamsbay und McDonald | | |
| Perth .................. | 9 | 17 | 1957 ................... | 12 | 22 |
| Pulkowo ............... | 3 | 3 | 1958 ................... | 8 | 20 |
| Santiago de Chile ....... | 2 | 2 | | | |

Die Güte bei den Beobachtungen von Jackson in Wien bezieht sich auf die in seiner Arbeit gemachten Angaben. Aber eine Reihe von Beobachtungen mußten gestrichen werden oder mit einem geringeren Gewicht versehen werden. So wurde gestrichen in Bukarest die Beobachtung vom 10. August (Vlaicu) und die letzte vom 9. September (Popovici), bei denen in Zô-Sè die vom 18. und 23. August, eine größere Anzahl der Beobachtungen in Kasan (siehe das Verzeichnis der B-R am Schluß), die erste photographische Beobachtung aus Kopenhagen (Aug. 8) erhielt nur das Gewicht 2, bei Perth erhielten die beiden letzten Beobachtungen (Okt. 15 und 21) nur das Gewicht 5, bei denen in Santiago wurden die zweite vom Sept. 25 gestrichen, die ersten Beobachtungen von Tartu (Aug. 5—10) wurde gestrichen, ebenso von Jackson in Wien die von Aug. 7, von Purgathofer in Wien das α der Beobachtung von Aug. 25 und schließlich erhielt in Williamsbay die Beobachtung von Sept. 1 nur das Gewicht 5. Die gestrichenen Beobachtungen sind in der Tabelle der B-R durch Einklammerung gekennzeichnet.

Manchmal erhielten Beobachtungen hiebei kleines Gewicht oder mußten sogar gestrichen werden, weil anscheinend allzuviel ungünstige Verhältnisse geherrscht haben, wie dies z. B. bei Turku und Krakau der Fall ist (z. B. kleine Brennweite, Aufnahme in heller Dämmerung, so daß auf der Platte neben dem Kometen nur die hellsten Sterne zu sehen waren, man also zum Anschluß weitabliegende Sterne benutzen mußte).

Es ergaben sich so als Normalörter für 1957 (die $\cos\delta\Delta\alpha$ und $\Delta\delta$ in $0,0001$):

|   | Beobachtungszeit | Zeit des Normal-ortes | Gewicht in $\alpha$ | Gewicht in $\delta$ | Am Anfang $\cos\delta\Delta\alpha$ | Am Anfang $\Delta\delta$ | Nach der 1. Ausgl. $\cos\delta\Delta\alpha$ | Nach der 1. Ausgl. $\Delta\delta$ | Nach der 2. Ausgl. (Restfehler) $\cos\delta\Delta\alpha$ | Nach der 2. Ausgl. (Restfehler) $\Delta\delta$ |
|---|---|---|---|---|---|---|---|---|---|---|
| I | Aug. 4—Aug. 8 | Aug. 6,64 | 31 | 31 | − 238 | − 363 | + 82 | − 10 | + 96 | − 2 |
| II | Aug. 9—Aug. 12 | Aug. 12,0 | 82 | 178 | + 273 | − 35 | + 9 | + 4 | + 23 | + 4 |
| III | Aug. 14—Aug. 18 | Aug. 17,0 | 171 | 347 | − 154 | + 119 | − 20 | + 6 | − 10 | + 3 |
| IV | Aug. 20—Aug. 23 | Aug. 23,0 | 154 | 374 | + 6 | + 171 | 0 | + 10 | + 6 | + 7 |
| V | Aug. 24—Aug. 27 | Aug. 26,0 | 187 | 359 | + 14 | + 156 | − 32 | − 2 | − 29 | − 4 |
| VI | Aug. 28—Sept. 3,4 | Aug. 31,0 | 292 | 607 | + 54 | + 147 | − 20 | + 1 | − 19 | 0 |
| VII | Sept. 3,4—Sept. 13 | Sept. 9,0 | 257 | 491 | + 55 | + 117 | + 6 | − 5 | + 5 | − 4 |
| VIII | Sept. 15—Sept. 25 | Sept. 19,0 | 229 | 541 | + 9 | + 99 | + 16 | + 3 | + 13 | + 4 |
| IX | Sept. 27—Okt. 5 | Okt. 1,0 | 210 | 412 | − 45 | + 40 | + 21 | − 16 | + 19 | − 15 |
| X | Okt. 15, 21 | Okt. 18,5 | 10 | 10 | − 118 | + 50 | − 12 | + 64 | − 13 | + 63 |

und ebenso für 1958

|   | Beobachtungszeit | Zeit des Normal-ortes | Gewicht in $\alpha$ | Gewicht in $\delta$ | Am Anfang $\cos\delta\Delta\alpha$ | Am Anfang $\Delta\delta$ | Nach der 1. Ausgl. $\cos\delta\Delta\alpha$ | Nach der 1. Ausgl. $\Delta\delta$ | Nach der 2. Ausgl. (Restfehler) $\cos\delta\Delta\alpha$ | Nach der 2. Ausgl. (Restfehler) $\Delta\delta$ |
|---|---|---|---|---|---|---|---|---|---|---|
| XI | Jan. 25—27 | Jan. 26,51 | 24 | 60 | + 444 | − 585 | − 47 | + 12 | − 43 | + 10 |
| XII | Febr. 17 | Febr. 17,53 | 40 | 40 | + 697 | − 784 | − 3 | + 10 | + 3 | + 6 |
| XIII | Febr. 21, März 2 | Febr. 25,35 | 12 | 12 | + 792 | − 942 | + 40 | − 58 | + 46 | − 62 |
| XIV | Apr. 25, 26 | Apr. 25,93 | 80 | 80 | − 228 | − 1733 | + 17 | + 32 | + 24 | + 25 |
| XV | Mai 12 | Mai 12,37 | 40 | 40 | − 424 | − 1922 | − 34 | + 14 | − 28 | + 5 |
| XVI | Juni 23 | Juni 23,26 | 40 | 40 | − 1980 | − 1784 | − 30 | − 6 | − 28 | − 15 |
| XVII | Juli 9 | Juli 9,20 | 40 | 40 | − 2308 | − 1584 | − 39 | + 24 | − 38 | + 15 |

Unter Benutzung dieser Gewichte wurden dann 17 Normalörter gebildet, 10 für die Erscheinung 1957 und 7 für 1958. Der Einfachheit der Rechnung halber wurde dabei für die Zeit meist ein in der Ephemeride direkt enthaltener Zeitpunkt gewählt und die $\cos \delta \, \Delta \alpha$ und $\Delta \delta$ dementsprechend korrigiert. Die Korrektion hiefür ergab sich praktisch genau genug aus den beiden Diagrammen zur Ermittlung der Gewichte. In der Tabelle der B-R sind die zu einem Normalort zusammengefaßten Örter durch Querstriche kenntlich. (Tabelle S. 215)

### Bildung und Auflösung der Fehlergleichungen

Es wurden dann Fehlergleichungen entsprechend diesen Normalörtern gebildet und diese dann über die Normalgleichungen aufgelöst.

Es ergaben sich dabei folgende Korrektionen:

$$\Delta \Omega' = + 0\overset{\circ}{.}00787 \qquad \Delta q = - 0\overset{\circ}{.}01112$$
$$\Delta i' = + 0\overset{\circ}{.}02215 \qquad \Delta T = - 0\overset{\circ}{.}00396$$
$$\Delta \omega' = - 0,04150 \qquad \Delta e = - 0\overset{\circ}{.}03732$$

Da diese Korrektionen noch etwas groß sind, wurde nochmals ausgeglichen. Zu diesem Zweck wurden die B-R der Einzelbeobachtungen korrigiert, indem für eine größere Anzahl von Zeitpunkten (im Abstand von 2 bis 6 Tagen) der Ort nach der 1. verbesserten Bahn berechnet wurde. Zwischen diesen Zeitpunkten war dann die Korrektion leicht zu interpolieren. Für das Jahr 1958 wurden die B-R überhaupt neu berechnet. Auf diese Art ist gesichert, daß die Glieder 2. Ordnung überhaupt nichts mehr ausgeben können.

Bei der zweiten Bildung der Normalörter wurden hin und wieder die Gewichte etwas geändert, allerdings nur dort, wo sich zeigte, daß sich die ursprünglich festgesetzten als ernstlich unrichtig erwiesen (in obiger Tabelle wurden diese zweiten Gewichte angeführt, nicht die ursprünglichen, da diese für das Endergebnis allein entscheidend sind). Auf diese Art ergaben sich dann die in obiger Tabelle angeführten $\cos \delta \, \Delta \alpha$, $\Delta \delta$ (mit der Bemerkung: nach d. 1. Ausgl.).

Daraufhin wurden die Fehlergleichungen wieder gebildet (wobei die linken Seiten höchstens wegen Änderung des Gewichtes geändert wurden). Diese Fehlergleichungen sollen nun angeführt werden (anstatt der ersten), da diese für das Endergebnis entscheidend sind.

## Fehlergleichungen

$$\begin{aligned}
\text{I}\alpha \quad & -0{,}443\,\Delta\Omega' - 0{,}792\,\Delta i' + 1{,}767\,\Delta\omega' - 3{,}843\,\Delta q - 9{,}862\,\Delta T + 0{,}197\,\Delta e = +0{,}0045 \\
\delta \quad & -0{,}014\,\Delta\Omega' + 0{,}702\,\Delta i' + 0{,}339\,\Delta\omega' + 3{,}159\,\Delta q - 4{,}788\,\Delta T + 0{,}171\,\Delta e = -0{,}0005 \\
\text{II}\alpha \quad & -0{,}938\,\Delta\Omega' - 0{,}367\,\Delta i' + 3{,}421\,\Delta\omega' - 8{,}145\,\Delta q - 17{,}282\,\Delta T + 0{,}736\,\Delta e = +0{,}0008 \\
\delta \quad & +1{,}706\,\Delta\Omega' + 2{,}142\,\Delta i' - 2{,}285\,\Delta\omega' + 12{,}321\,\Delta q - 1{,}194\,\Delta T + 0{,}746\,\Delta e = +0{,}0006 \\
\text{III}\alpha \quad & -0{,}137\,\Delta\Omega' + 0{,}784\,\Delta i' + 4{,}418\,\Delta\omega' - 11{,}117\,\Delta q - 21{,}966\,\Delta T + 1{,}638\,\Delta e = -0{,}0026 \\
\delta \quad & +4{,}059\,\Delta\Omega' + 2{,}483\,\Delta i' - 7{,}092\,\Delta\omega' + 24{,}561\,\Delta q + 8{,}038\,\Delta T + 1{,}460\,\Delta e = +0{,}0010 \\
\text{IV}\alpha \quad & +1{,}997\,\Delta\Omega' + 1{,}554\,\Delta i' + 2{,}802\,\Delta\omega' - 7{,}629\,\Delta q - 15{,}637\,\Delta T + 2{,}135\,\Delta e = +0{,}0001 \\
\delta \quad & +4{,}514\,\Delta\Omega' + 1{,}345\,\Delta i' - 10{,}644\,\Delta\omega' + 30{,}935\,\Delta q + 13{,}198\,\Delta T + 2{,}138\,\Delta e = +0{,}0019 \\
\text{V}\alpha \quad & +3{,}320\,\Delta\Omega' + 1{,}845\,\Delta i' + 2{,}278\,\Delta\omega' - 6{,}646\,\Delta q - 14{,}565\,\Delta T + 2{,}618\,\Delta e = -0{,}0045 \\
\delta \quad & +4{,}058\,\Delta\Omega' + 0{,}790\,\Delta i' - 11{,}392\,\Delta\omega' + 31{,}323\,\Delta q + 13{,}305\,\Delta T + 2{,}443\,\Delta e = -0{,}0004 \\
\text{VI}\alpha \quad & +6{,}099\,\Delta\Omega' - 2{,}206\,\Delta i' + 1{,}356\,\Delta\omega' - 5{,}084\,\Delta q - 13{,}610\,\Delta T + 3{,}716\,\Delta e = -0{,}0034 \\
\delta \quad & +4{,}101\,\Delta\Omega' + 0{,}236\,\Delta i' - 16{,}028\,\Delta\omega' + 40{,}814\,\Delta q + 16{,}266\,\Delta T + 3{,}972\,\Delta e = +0{,}0002 \\
\text{VII}\alpha \quad & +7{,}893\,\Delta\Omega' - 1{,}392\,\Delta i' - 0{,}509\,\Delta\omega' - 1{,}020\,\Delta q - 7{,}629\,\Delta T + 3{,}958\,\Delta e = +0{,}0010 \\
\delta \quad & +1{,}821\,\Delta\Omega' - 0{,}247\,\Delta i' - 15{,}034\,\Delta\omega' + 34{,}095\,\Delta q + 11{,}458\,\Delta T + 4{,}847\,\Delta e = -0{,}0011 \\
\text{VIII}\alpha \quad & +8{,}656\,\Delta\Omega' + 0{,}471\,\Delta i' - 1{,}546\,\Delta\omega' + 1{,}181\,\Delta q - 4{,}207\,\Delta T + 3{,}948\,\Delta e = +0{,}0023 \\
\delta \quad & +0{,}478\,\Delta\Omega' - 0{,}163\,\Delta i' - 15{,}736\,\Delta\omega' + 32{,}005\,\Delta q + 8{,}827\,\Delta T + 6{,}425\,\Delta e = +0{,}0007 \\
\text{IX}\alpha \quad & +8{,}965\,\Delta\Omega' - 0{,}398\,\Delta i' - 2{,}101\,\Delta\omega' + 2{,}326\,\Delta q - 2{,}180\,\Delta T + 3{,}787\,\Delta e = +0{,}0030 \\
\delta \quad & -0{,}334\,\Delta\Omega' + 0{,}150\,\Delta i' - 13{,}534\,\Delta\omega' + 24{,}668\,\Delta q + 5{,}475\,\Delta T + 6{,}820\,\Delta e = -0{,}0033 \\
\text{X}\alpha \quad & +2{,}049\,\Delta\Omega' - 0{,}297\,\Delta i' - 0{,}533\,\Delta\omega' + 0{,}650\,\Delta q - 0{,}185\,\Delta T + 0{,}765\,\Delta e = -0{,}0004 \\
\delta \quad & -0{,}100\,\Delta\Omega' + 0{,}083\,\Delta i' - 2{,}085\,\Delta\omega' + 3{,}342\,\Delta q + 0{,}566\,\Delta T + 1{,}302\,\Delta e = +0{,}0020 \\
\text{XI}\alpha \quad & +3{,}675\,\Delta\Omega' - 1{,}573\,\Delta i' - 0{,}549\,\Delta\omega' + 0{,}820\,\Delta q + 0{,}258\,\Delta T - 0{,}464\,\Delta e = -0{,}0023 \\
\delta \quad & +0{,}589\,\Delta\Omega' + 0{,}346\,\Delta i' - 6{,}435\,\Delta\omega' + 6{,}983\,\Delta q + 0{,}515\,\Delta T + 6{,}583\,\Delta e = +0{,}0010 \\
\text{XII}\alpha \quad & +5{,}092\,\Delta\Omega' - 2{,}369\,\Delta i' - 0{,}635\,\Delta\omega' + 1{,}007\,\Delta q + 0{,}360\,\Delta T - 1{,}143\,\Delta e = -0{,}0002 \\
\delta \quad & +0{,}666\,\Delta\Omega' + 0{,}272\,\Delta i' - 5{,}802\,\Delta\omega' + 5{,}981\,\Delta q + 0{,}395\,\Delta T + 6{,}269\,\Delta e = +0{,}0006 \\
\text{XIII}\alpha \quad & +2{,}878\,\Delta\Omega' - 1{,}374\,\Delta i' - 0{,}345\,\Delta\omega' + 0{,}550\,\Delta q + 0{,}199\,\Delta T - 0{,}707\,\Delta e = +0{,}0014 \\
\delta \quad & +0{,}396\,\Delta\Omega' + 0{,}151\,\Delta i' - 3{,}303\,\Delta\omega' + 3{,}346\,\Delta q + 0{,}212\,\Delta T + 3{,}641\,\Delta e = -0{,}0020 \\
\text{XIV}\alpha \quad & +9{,}585\,\Delta\Omega' - 5{,}195\,\Delta i' - 1{,}754\,\Delta\omega' + 1{,}927\,\Delta q + 0{,}338\,\Delta T - 0{,}226\,\Delta e = +0{,}0015 \\
\delta \quad & +0{,}864\,\Delta\Omega' + 0{,}821\,\Delta i' - 10{,}893\,\Delta\omega' + 9{,}827\,\Delta q + 0{,}431\,\Delta T + 14{,}023\,\Delta e = +0{,}0029 \\
\text{XV}\alpha \quad & +7{,}027\,\Delta\Omega' - 3{,}881\,\Delta i' - 1{,}628\,\Delta\omega' + 1{,}560\,\Delta q + 0{,}156\,\Delta T + 1{,}165\,\Delta e = -0{,}0022 \\
\delta \quad & +0{,}317\,\Delta\Omega' + 0{,}792\,\Delta i' - 7{,}881\,\Delta\omega' + 6{,}926\,\Delta q + 0{,}281\,\Delta T + 10{,}476\,\Delta e = +0{,}0009 \\
\text{XVI}\alpha \quad & +6{,}619\,\Delta\Omega' - 3{,}788\,\Delta i' - 2{,}381\,\Delta\omega' + 1{,}846\,\Delta q - 0{,}023\,\Delta T + 4{,}545\,\Delta e = -0{,}0019 \\
\delta \quad & -0{,}442\,\Delta\Omega' + 1{,}245\,\Delta i' - 7{,}355\,\Delta\omega' + 6{,}150\,\Delta q + 0{,}247\,\Delta T + 9{,}968\,\Delta e = -0{,}0003 \\
\text{XVII}\alpha \quad & +6{,}234\,\Delta\Omega' - 3{,}614\,\Delta i' - 2{,}456\,\Delta\omega' + 1{,}827\,\Delta q - 0{,}053\,\Delta T + 5{,}196\,\Delta e = -0{,}0025 \\
\delta \quad & -0{,}573\,\Delta\Omega' + 1{,}300\,\Delta i' - 6{,}957\,\Delta\omega' + 5{,}730\,\Delta q + 0{,}237\,\Delta T + 9{,}371\,\Delta e = +0{,}0015
\end{aligned}$$

Aus diesen ergibt sich dann als Lösung

$\Delta \Omega' = + 0\overset{\circ}{.}00004$  $\Delta q = - 0\overset{\circ}{.}00002$
$\Delta i' = + 0\overset{\circ}{.}00017$  $\Delta T = + 0\overset{\circ}{.}00010$
$\Delta \omega' = + 0\overset{\circ}{.}00008$  $\Delta e = + 0\overset{\circ}{.}00011$

Die Fehlerquadratsumme sinkt hiebei von $+ 0{,}000136$ auf $+ 0{,}000128$, der mittlere Fehler der Gewichtseinheit beträgt also

$$\varepsilon = \sqrt{\frac{0{,}000128}{34-6}} = \pm 0\overset{\circ}{.}00214$$

also etwas höher als der zuerst festgesetzte ($\pm 0\overset{\circ}{.}00141$), was zeigt, daß systematische Fehler eine gewisse Rolle spielen.

## Definitive Bahn

Danach lauten die endgültigen Elemente des Kometen 1957 V (Mrkos)

Oskulationsepoche 1957 Aug. 30,0
$T = 1957$ Aug. $1{,}43750 \pm 9$ Ephem.-Zeit
$e = 0{,}9993506 \pm 61$
$q = 0{,}3549236 \pm 34$
$a = 546{,}54 \pm 5{,}1$
$U = 12777 \pm 180$ Jahre

ekliptikal                    äquatoreal

$\Omega = 67\overset{\circ}{.}72273 \pm 9$   $\Omega' = 70\overset{\circ}{.}90247 \pm 13$ ⎫
$i = 93\overset{\circ}{.}93996 \pm 33$   $i' = 102\overset{\circ}{.}32807 \pm 32$ ⎬ Äquinoktium
$\omega = 40\overset{\circ}{.}31310 \pm 59$   $\omega' = 62\overset{\circ}{.}45241 \pm 58$ ⎭ 1957,0

$P'_x = + 0{,}3301988$    $Q'_x = - 0{,}1967740$
$P'_y = + 0{,}3750958$    $Q'_y = - 0{,}8701367$
$P'_z = + 0{,}8661824$    $Q'_z = + 0{,}4518208$

Für das Äquinoktium 1958,0 lauten die Elemente

$P'_x = + 0{,}3300308$    $Q'_x = - 0{,}1966234$
$P'_y = + 0{,}3751696$    $Q'_y = - 0{,}8701807$
$P'_z = + 0{,}8662144$    $Q'_z = + 0{,}4518017$

## Ephemeride des Kometen 1957 V (Mrkos) nach der definitiven Bahn

| Eph.-Zeit 1957 | α 1957,0 | δ 1957,0 | Δ | Eph.-Zeit 1957 | α 1957,0 | δ 1957,0 | Δ |
|---|---|---|---|---|---|---|---|
| Juli 31,0 | 117°99213 | + 29°84166 | 1,2039 | Sept. 1,0 | 201°30817 | + 17°95122 | 1,3015 |
| Aug. 1,0 | 120,18850 | + 31,20478 | 1,1874 | 3,0 | 203,81792 | + 15,88455 | 1,3465 |
| 2,0 | 122,57596 | + 32,49667 | 1,1712 | 5,0 | 206,10140 | + 13,92768 | 1,3935 |
| 3,0 | 125,15658 | + 33,69692 | 1,1556 | 7,0 | 208,19047 | + 12,08133 | 1,4422 |
| 4,0 | 127,92662 | + 34,78549 | 1,1407 | 9,0 | 210,11211 | + 10,34315 | 1,4923 |
| 5,0 | 130,87594 | + 35,74386 | 1,1266 | 11,0 | 211,88915 | + 8,70880 | 1,5434 |
| 6,0 | 133,98800 | + 36,55583 | 1,1137 | 13,0 | 213,54090 | + 7,17283 | 1,5954 |
| 7,0 | 137,24030 | + 37,20836 | 1,1021 | 15,0 | 215,08370 | + 5,72922 | 1,6481 |
| 8,0 | 140,60520 | + 37,69207 | 1,0918 | 17,0 | 216,53143 | + 4,37184 | 1,7013 |
| 9,0 | 144,05143 | + 38,00152 | 1,0831 | 19,0 | 217,89586 | + 3,09458 | 1,7548 |
| 10,0 | 147,54538 | + 38,13526 | 1,0760 | 21,0 | 219,18703 | + 1,89155 | 1,8086 |
| 11,0 | 151,05308 | + 38,09586 | 1,0706 | 23,0 | 220,41349 | + 0,75725 | 1,8624 |
| 12,0 | 154,54172 | + 37,88944 | 1,0669 | 25,0 | 221,58252 | − 0,31351 | 1,9162 |
| 13,0 | 157,98122 | + 37,52530 | 1,0649 | 27,0 | 222,70036 | − 1,32553 | 1,9699 |
| 14,0 | 161,34521 | + 37,01522 | 1,0647 | Sept. 29,0 | 223,77237 | − 2,28326 | 2,0234 |
| 15,0 | 164,61192 | + 36,37298 | 1,0663 | Okt. 1,0 | 224,80319 | − 3,19078 | 2,0767 |
| 16,0 | 167,76439 | + 35,61350 | 1,0695 | 3,0 | 225,79689 | − 4,05185 | 2,1296 |
| 17,0 | 170,79036 | + 34,75231 | 1,0744 | 5,0 | 226,75707 | − 4,86993 | 2,1822 |
| 18,0 | 173,68199 | + 33,80496 | 1,0809 | 7,0 | 227,68687 | − 5,64814 | 2,2343 |
| 19,0 | 176,43529 | + 32,78654 | 1,0889 | 9,0 | 228,58906 | − 6,38935 | 2,2860 |
| 20,0 | 179,04950 | + 31,71131 | 1,0984 | 11,0 | 229,46610 | − 7,09618 | 2,3371 |
| 21,0 | 181,52636 | + 30,59251 | 1,1093 | 13,0 | 230,32016 | − 7,77101 | 2,3877 |
| 22,0 | 183,86958 | + 29,44212 | 1,1216 | 15,0 | 231,15319 | − 8,41602 | 2,4377 |
| 23,0 | 186,08430 | + 28,27082 | 1,1351 | 17,0 | 231,96691 | − 9,03321 | 2,4870 |
| 24,0 | 188,17651 | + 27,08799 | 1,1498 | 19,0 | 232,76282 | − 9,62438 | 2,5357 |
| 25,0 | 190,15283 | + 25,90171 | 1,1656 | 21,0 | 233,54222 | − 10,19120 | 2,5837 |
| 26,0 | 192,02013 | + 24,71885 | 1,1825 | Okt. 23,0 | 234,30625 | − 10,73515 | 2,6309 |
| 27,0 | 193,78532 | + 23,54517 | 1,2003 | | | | |
| 28,0 | 195,45519 | + 22,38542 | 1,2190 | | | | |
| 29,0 | 197,03630 | + 21,24344 | 1,2385 | | | | |
| 30,0 | 198,53494 | + 20,12227 | 1,2588 | | | | |
| Aug. 31,0 | 199,95702 | + 19,02427 | 1,2798 | | | | |

# Definitive Bahnbestimmung des Kometen 1957 V (Mrkos)

| Eph.-Zeit 1958 | α 1958,0 | δ 1958,0 | Δ |
|---|---|---|---|
| Jan. 25,50037 | 259°,42859 | − 24°,04235 | 3,7733 |
| 26,51907 | 259,57927 | − 24,12747 | 3,7735 |
| Jan. 27,51136 | 259,72275 | − 24,20998 | 3,7735 |
| Febr. 17,52384 | 261,91132 | − 25,91428 | 3,7287 |
| 17,53631 | 261,91205 | − 25,91529 | 3,7287 |
| Febr. 21,07607 | 262,10290 | − 26,19859 | 3,7141 |
| März 2,06647 | 262,32308 | − 26,92152 | 3,6707 |
| April 25,42742 | 254,30306 | − 30,96361 | 3,4338 |
| 25,45374 | 254,29528 | − 30,96500 | 3,4338 |
| 26,41613 | 254,01309 | − 31,01538 | 3,4337 |
| April 26,43628 | 254,00705 | − 31,01643 | 3,4337 |
| Mai 12,35761 | 248,92596 | − 31,62071 | 3,4720 |
| Mai 12,37978 | 248,91858 | − 31,62120 | 3,4721 |
| Juni 23,25545 | 236,19811 | − 31,20031 | 3,9829 |
| Juni 23,30046 | 236,18790 | − 31,19885 | 3,9838 |
| Juli 9,19889 | 233,17282 | − 30,69388 | 4,3175 |
| Juli 9,24598 | 233,16589 | − 30,69240 | 4,3186 |

## Vergleich der Beobachtungen mit der Rechnung (definitive Bahn)

| 1957 | | B-R in 0°,00001 | |
|---|---|---|---|
| | | cos δ Δα | Δδ |
| Aug. 3,88 | Kopenhagen (v) | (− 101) | (− 928) |
| 4,86 | Kopenhagen (v) | + 161 | + 176 |
| 4,98 | Turku | + 13 | − 90 |
| 5,87 | Kopenhagen (v) | + 90 | + 145 |
| 5,87 | Kopenhagen (v) | + 326 | + 80 |
| 5,88 | Kopenhagen (v) | + 197 | + 24 |
| 5,88 | Kopenhagen (v) | + 147 | + 96 |
| 5,89 | Kopenhagen (v) | + 289 | + 68 |
| 5,90 | Turku | + 54 | − 101 |
| 5,91 | Tartu | (+ 446) | (− 285) |
| 5,92 | Turku | + 99 | − 100 |
| 6,07 | Kopenhagen (v) | + 220 | + 51 |
| 6,07 | Kopenhagen (v) | + 157 | + 9 |
| 6,08 | Kopenhagen (v) | + 149 | + 47 |
| 6,89 | Turku | + 54 | − 102 |
| 6,94 | Tartu | (+ 63) | (+ 223) |
| 6,95 | Turku | + 128 | − 141 |
| 6,98 | Turku | + 18 | − 131 |

| 1957 | | B-R in 0°,00001 | |
|---|---|---|---|
| | | cos δ Δα | Δδ |
| Aug. 7,83 | Wien (J) | (− 1782) | (− 182) |
| 7,88 | Pulkowo | + 103 | + 59 |
| 7,92 | Tartu | (+ 216) | (− 587) |
| 8,86 | Kopenhagen (ph) | + 48 | + 110 |
| 8,86 | Pulkowo | + 59 | + 66 |
| 8,88 | Tartu | (+ 477) | (+ 425) |
| 8,89 | Turku | − 24 | − 58 |
| 9,87 | Pulkowo | + 139 | − 108 |
| 10,77 | Bukarest (V) | (+ 4249) | (− 145) |
| 10,81 | Wien (P) | + 24 | + 3 |
| 10,82 | Wien (J) | + 182 | + 61 |
| 10,86 | Pulkowo | + 89 | − 54 |
| 10,88 | Tartu | (+ 199) | (+ 7) |
| 11,78 | Bukarest (V) | − 19 | − 13 |
| 11,81 | Krakau | (+ 499) | (+ 351) |
| | | (+ 424) | (+ 240) |
| 11,83 | Potsdam | (− 1016) | (+ 14) |
| 12,79 | Bukarest (V) | − 22 | + 34 |
| 12,79 | Bukarest (V) | + 18 | − 10 |
| 12,80 | Krakau | (+ 237) | (+ 65) |
| | | (+ 102) | (+ 132) |
| 13,81 | Krakau | (+ 60) | (− 217) |
| 14,49 | Nanking | (+ 330) | (+ 279) |
| 14,50 | Nanking | (− 22) | (+ 289) |
| 14,78 | Kiew (Un.) | − 164 | + 54 |
| 14,79 | Bukarest (V) | − 26 | + 15 |
| 14,80 | Bukarest (V) | + 13 | − 2 |
| 15,16 | Flagstaff L. | + 55 | − 16 |
| | | + 58 | − 47 |
| 15,50 | Nanking | (+ 377) | (+ 473) |
| 15,50 | Nanking | (+ 117) | (+ 499) |
| 15,81 | Wien (J) | + 6 | 0 |
| 15,82 | Wien (P) | − 131 | + 34 |
| 16,80 | Kiew (Ak) | (− 1068) | (+ 390) |
| 16,92 | Turku | − 73 | + 120 |
| 17,78 | Bukarest (V) | − 43 | + 40 |
| 17,78 | Bukarest (V) | − 3 | − 24 |
| 17,79 | Bukarest (V) | − 2 | + 5 |
| 17,82 | Wien (J) | − 13 | − 38 |

Definitive Bahnbestimmung des Kometen 1957 V (Mrkos) 217

| 1957 | | B-R in 0°,00001 | |
|---|---|---|---|
| | | cos δ Δα | Δδ |
| Aug. 17,82 | Wien (J) | + 68 | − 47 |
| 17,83 | Wien (J) | + 32 | − 22 |
| 17,83 | Wien (J) | − 27 | + 22 |
| 17,90 | Kiew (Ak) | (− 25386) | (+ 10441) |
| 18,51 | Zô-Sè | (− 2215) | (+ 1202) |
| 18,78 | Kiew (Ak) | (− 973) | (+ 301) |
| 18,85 | Tartu | − 34 | − 37 |
| 19,49 | Nanking | (+ 156) | (+ 142) |
| 19,50 | Nanking | (+ 337) | (+ 236) |
| 20,49 | Nanking | (+ 212) | (+ 96) |
| 20,82 | Barcelona | (− 138) | (− 10) |
| 20,83 | Wien (P) | + 67 | + 42 |
| 20,84 | Wien (P) | − 1 | + 4 |
| 21,50 | Nanking | (+ 227) | (+ 307) |
| 21,87 | Kopenhagen (ph) | − 2 | + 5 |
| 21,87 | Kopenhagen (ph) | − 18 | − 3 |
| 21,87 | Turku | + 163 | + 9 |
| 22,10 | McDonald | + 79 | + 18 |
| 22,50 | Nanking | (+ 129) | (+ 243) |
| 22,51 | Zô-Sè | + 11 | − 49 |
| 22,73 | Kasan | + 2 | − 27 |
| 22,75 | Kasan | (+ 2917) | (+ 6393) |
| 22,76 | Kasan | (− 2063) | (+ 1386) |
| 22,79 | Wien (P) | + 6 | − 3 |
| 22,80 | Wien (P) | + 1 | + 5 |
| 22,82 | Barcelona | (− 183) | (+ 61) |
| 22,88 | Uccle (R) | − 33 | − 60 |
| 22,88 | Uccle (R) | − 13 | − 25 |
| 23,52 | Zô-Sè | (− 1392) | (+ 766) |
| 23,76 | Kasan | (+ 909) | (− 774) |
| 23,76 | Kasan | (− 872) | (+ 529) |
| 23,78 | Wien (P) | − 2 | + 7 |
| 23,80 | Wien (J) | + 33 | + 27 |
| 23,80 | Wien (J) | − 10 | + 18 |
| 23,81 | Wien (J) | − 51 | + 20 |
| 23,81 | Wien (J) | − 34 | + 8 |
| 23,81 | Wien (J) | + 27 | + 11 |
| 24,51 | Nanking | (+ 704) | (+ 174) |
| 24,74 | Kasan | + 59 | − 100 |

15*

| 1957 | | B-R in 0°,00001 | |
|---|---|---|---|
| | | cos δ Δα | Δδ |
| Aug. 24,75 | Kasan | (− 1051) | (+ 568) |
| 24,76 | Kasan | (− 835) | (+ 627) |
| 24,76 | Kiew (Un) | − 23 | − 13 |
| 24,78 | Kiew (Un) | + 243 | + 285 |
| 24,78 | Kiew (Un) | − 247 | + 87 |
| 24,80 | Kiew (Ak) | (− 736) | (+ 382) |
| 24,81 | Tartu | − 51 | − 144 |
| 24,85 | Uccle (R) | − 43 | − 51 |
| 24,85 | Uccle (R) | − 10 | − 51 |
| 24,87 | Turku | + 57 | − 17 |
| 25,50 | Nanking | (+ 673) | (+ 78) |
| 25,73 | Kasan | − 26 | − 1 |
| 25,74 | Kasan | (+ 478) | (− 12) |
| 25,74 | Kasan | (− 280) | (− 1672) |
| 25,75 | Kasan | (− 787) | (+ 356) |
| 25,75 | Bukarest (V) | − 26 | − 25 |
| 25,75 | Kasan | (− 788) | (+ 356) |
| 25,75 | Kasan | (− 321) | (+ 6) |
| 25,76 | Kasan | + 19 | + 7 |
| 25,76 | Kasan | − 38 | − 51 |
| 25,77 | Bukarest (V) | − 65 | − 5 |
| 25,77 | Bukarest (V) | − 18 | − 1 |
| 25,78 | Bukarest (V) | − 43 | − 4 |
| 25,79 | Wien (P) | (+ 352) | + 12 |
| 25,80 | Wien (J) | − 7 | + 11 |
| 25,80 | Wien (J) | − 6 | − 32 |
| 25,81 | Wien (J) | − 11 | − 12 |
| 25,81 | Wien (J) | − 58 | + 33 |
| 25,81 | Wien (J) | + 12 | + 43 |
| 25,82 | Tartu | − 119 | − 30 |
| 26,75 | Kasan | (− 26) | (+ 248) |
| 26,75 | Kasan | − 148 | − 50 |
| 26,76 | Kasan | − 46 | − 33 |
| 26,78 | Wien (P) | + 9 | − 2 |
| 27,49 | Zô-Sè | − 37 | + 24 |
| 27,50 | Zô-Sè | − 72 | + 45 |
| 27,51 | Nanking | (+ 19) | (− 1) |
| 27,84 | Tartu | + 89 | − 4 |

Definitive Bahnbestimmung des Kometen 1957 V (Mrkos) **219**

| 1957 | | B-R in 0°,00001 | |
|---|---|---|---|
| | | cos δ Δα | Δδ |
| Aug. 28,51 | Zô-Sè | — 5 | — 14 |
| 28,76 | Kiew (Un) | — 57 | + 153 |
| 28,77 | Kiew (Un) | — 115 | + 112 |
| 28,78 | Kiew (Ak) | (— 603) | (+ 426) |
| 28,79 | Kiew (Un) | — 109 | + 120 |
| 28,83 | Tartu | — 178 | + 32 |
| 28,86 | Uccle (A) | — 25 | — 49 |
| 29,48 | Zô-Sè | + 85 | — 64 |
| 29,49 | Zô-Sè | + 38 | — 29 |
| 29,49 | Nanking | (+ 23) | (+ 27) |
| 29,73 | Kasan | — 79 | — 136 |
| 29,74 | Kasan | — 152 | — 93 |
| 29,75 | Kasan | (— 238) | (— 52) |
| 29,77 | Bukarest (V) | — 12 | + 10 |
| 29,78 | Bukarest (V) | + 4 | + 11 |
| 29,79 | Bukarest (V) | — 85 | + 75 |
| 29,79 | Bukarest (V) | 0 | + 6 |
| 29,80 | Bukarest (V) | + 2 | + 3 |
| 30,45 | Perth | — 21 | + 9 |
| 30,45 | Perth | + 15 | — 23 |
| 30,78 | Wien (P) | — 118 | — 5 |
| 30,79 | Wien (P) | — 63 | — 9 |
| 30,81 | Barcelona | (+ 357) | (— 62) |
| 30,99 | Santiago | — 174 | + 124 |
| 31,46 | Perth | — 26 | — 47 |
| 31,46 | Perth | — 26 | — 1 |
| 31,50 | Nanking | (+ 674) | (+ 51) |
| 31,72 | Kasan | — 83 | — 50 |
| 31,73 | Kasan | — 117 | — 110 |
| 31,73 | Kasan | (+ 1235) | (+ 304) |
| 31,74 | Kasan | (+ 3417) | (— 40) |
| 31,80 | Barcelona | (— 6) | (— 29) |
| 31,82 | Tartu | — 24 | — 167 |
| Sept. 1,08 | Yerkes | — 125 | — 23 |
| 1,72 | Kasan | — 188 | — 70 |
| 1,73 | Kasan | — 7 | — 69 |
| 1,73 | Kasan | + 25 | — 66 |
| 1,77 | Kiew (Un) | (— 281) | (+ 421) |
| 1,78 | Wien (P) | + 24 | — 9 |
| 1,78 | Wien (J) | + 15 | + 56 |

| 1957 | | B-R in 0°,00001 | |
|---|---|---|---|
| | | $\cos\delta\Delta\alpha$ | $\Delta\delta$ |
| Sept. 1,78 | Wien (J) | − 8 | + 11 |
| 1,79 | Wien (J) | + 46 | − 72 |
| 1,79 | Wien (P) | + 55 | − 4 |
| 2,46 | Perth | − 20 | + 1 |
| 2,47 | Perth | − 2 | − 35 |
| 2,49 | Nanking | (+ 29) | (+ 41) |
| 2,49 | Nanking | (+ 8) | (− 72) |
| 2,71 | Kasan | + 53 | − 85 |
| 2,72 | Kasan | − 41 | − 88 |
| 2,73 | Kasan | − 61 | − 164 |
| 2,73 | Kasan | − 107 | − 134 |
| 3,09 | Yerkes | + 9 | + 78 |
| 3,49 | Nanking | (+ 397) | (− 47) |
| 3,50 | Nanking | (+ 777) | (− 55) |
| 3,98 | Santiago | − 77 | − 27 |
| 4,50 | Zô-Sè | − 72 | + 40 |
| 4,80 | Tartu | − 88 | + 55 |
| 5,51 | Nanking | (+ 29) | (+ 30) |
| 5,53 | Nanking | (+ 54) | (− 34) |
| 5,76 | Wien (P) | + 41 | − 18 |
| 5,77 | Wien (J) | + 36 | + 28 |
| 5,77 | Wien (J) | + 59 | − 11 |
| 5,78 | Wien (J) | + 32 | + 4 |
| 5,78 | Wien (J) | + 35 | + 43 |
| 6,47 | Perth | (+ 356) | (− 339) |
| 6,47 | Perth | (+ 270) | (− 308) |
| 6,50 | Nanking | (+ 96) | (+ 73) |
| 6,50 | Nanking | (+ 85) | (+ 5) |
| 6,75 | Kiew (Un) | − 23 | − 65 |
| 6,75 | Kiew (Un) | + 47 | − 43 |
| 6,76 | Kiew (Un) | − 8 | − 8 |
| 6,77 | Tartu | − 100 | + 40 |
| 7,47 | Perth | + 8 | + 15 |
| 7,47 | Perth | + 4 | + 4 |
| 7,79 | Wien (J) | − 74 | − 43 |
| 7,79 | Wien (J) | + 24 | − 54 |
| 7,79 | Wien (J) | − 43 | + 22 |
| 7,80 | Wien (J) | − 67 | − 38 |
| 7,80 | Wien (J) | + 34 | − 42 |

# Definitive Bahnbestimmung des Kometen 1957 V (Mrkos) 221

| 1957 | | B-R in $0^s.00001$ | |
|---|---|---|---|
| | | $\cos \delta \Delta \alpha$ | $\Delta \delta$ |
| Sept. 7,82 | Barcelona | (− 88) | (+ 474) |
| 9,07 | Yerkes | + 29 | − 9 |
| 9,48 | Nanking | (+ 194) | (+ 81) |
| 9,49 | Nanking | (+ 262) | (− 19) |
| 9,75 | Bukarest (V) | + 12 | − 11 |
| 9,76 | Bukarest (V) | − 5 | − 4 |
| 9,76 | Bukarest (V) | − 17 | − 19 |
| 9,77 | Bukarest (P) | + 59 | − 57 |
| 9,78 | Bukarest (P) | (+ 953) | (+ 1) |
| 10,47 | Zô-Sè | + 41 | − 22 |
| 10,48 | Nanking | (+ 203) | (+ 145) |
| 10,49 | Nanking | (+ 202) | (+ 76) |
| 10,80 | Barcelona | (− 99) | (− 77) |
| 11,47 | Perth | + 16 | + 56 |
| 11,47 | Zô-Sè | + 10 | + 39 |
| 11,47 | Nanking | (+ 57) | (+ 66) |
| 11,47 | Perth | + 12 | + 23 |
| 11,75 | Kiew (Un) | − 158 | + 88 |
| 11,75 | Kiew (Un) | + 20 | + 27 |
| 13,06 | Yerkes | + 71 | − 19 |
| 15,11 | Flagstaff N. | + 26 | + 57 |
| 15,15 | Flagstaff N. | + 10 | − 6 |
| 15,75 | Wien (P) | + 18 | + 23 |
| 15,76 | Wien (J) | − 13 | + 9 |
| 15,77 | Wien (J) | + 24 | + 12 |
| 15,77 | Wien (J) | − 46 | + 2 |
| 16,08 | Yerkes | + 74 | − 15 |
| 16,77 | Wien (P) | + 42 | + 7 |
| 16,78 | Wien (P) | + 66 | − 9 |
| 16,81 | Barcelona | (− 163) | (+ 71) |
| 18,76 | Wien (P) | − 64 | − 12 |
| 20,76 | Wien (J) | − 36 | − 45 |
| 20,76 | Wien (P) | + 52 | + 7 |
| 20,76 | Wien (J) | − 25 | − 39 |
| 20,77 | Wien (J) | + 9 | + 34 |
| 20,78 | Wien (J) | + 109 | + 25 |
| 20,78 | Wien (J) | + 64 | − 24 |
| 21,75 | Wien (P) | − 18 | − 17 |
| 22,49 | Nanking | (+ 30) | (+ 54) |

| 1957 | | B-R in 0.00001 | |
|---|---|---|---|
| | | $\cos\delta\Delta\alpha$ | $\Delta\delta$ |
| Sept. 22,49 | Nanking | (+ 14) | (+ 37) |
| 23,07 | Yerkes | + 61 | − 3 |
| 23,48 | Perth | − 100 | + 40 |
| 23,49 | Perth | − 49 | + 95 |
| 23,75 | Wien (J) | + 207 | − 34 |
| 24,07 | Yerkes | + 6 | − 28 |
| 24,75 | Wien (P) | + 31 | − 3 |
| 24,99 | Santiago | − 28 | − 70 |
| 25,00 | Santiago | (+ 421) | (− 57) |
| 25,06 | Yerkes | + 32 | + 30 |
| 27,05 | Yerkes | + 80 | + 9 |
| 27,47 | Perth | + 53 | − 26 |
| 27,48 | Perth | − 110 | + 64 |
| 27,75 | Wien (P) | + 18 | − 39 |
| 28,48 | Perth | − 1 | + 10 |
| 28,49 | Perth | − 7 | + 20 |
| 29,04 | Yerkes | + 24 | − 15 |
| 29,47 | Perth | + 25 | − 21 |
| 29,47 | Perth | 0 | − 2 |
| 30,05 | Yerkes | + 54 | + 32 |
| 30,99 | Santiago | − 34 | − 27 |
| Okt. 1,01 | Santiago | − 27 | − 108 |
| 1,05 | Yerkes | − 1 | + 52 |
| 1,48 | Perth | 0 | − 55 |
| 1,48 | Perth | − 27 | + 8 |
| 2,04 | Yerkes | + 66 | − 18 |
| 2,05 | Yerkes | + 22 | − 27 |
| 3,04 | Yerkes | + 50 | − 29 |
| 4,04 | Yerkes | + 36 | − 71 |
| 5,04 | Yerkes | + 62 | − 79 |
| 5,48 | Perth | + 40 | − 43 |
| 5,48 | Perth | − 52 | − 21 |
| 15,49 | Perth | + 24 | + 46 |
| 21,49 | Perth | − 51 | + 83 |
| 1958 | | | |
| Jan. 25,50 | McDonald | − 61 | + 10 |
| 26,52 | McDonald | − 2 | + 11 |
| 27,51 | McDonald | − 65 | + 9 |

## Definitive Bahnbestimmung des Kometen 1957 V (Mrkos) 223

| 1958 | | B-R in $0.00001$ | |
|---|---|---|---|
| | | $\cos \delta \Delta \alpha$ | $\Delta \delta$ |
| Febr. 17,52 | Flagstaff N. | + 6 | + 6 |
| 17,54 | Flagstaff N. | − 2 | + 7 |
| 21,08 | Hartebeespoort | + 9 | − 69 |
| März 2,07 | Hartebeespoort | + 82 | − 56 |
| April 25,43 | Flagstaff N. | + 3 | + 47 |
| 25,45 | Flagstaff N. | + 9 | + 15 |
| 26,42 | Lick | + 53 | + 26 |
| 26,44 | Lick | + 33 | + 11 |
| Mai 12,36 | Flagstaff N. | − 7 | − 4 |
| 12,38 | Flagstaff N. | − 50 | + 15 |
| Juni 23,26 | Flagstaff N. | − 7 | + 1 |
| 23,30 | Flagstaff N. | − 50 | − 31 |
| Juli 9,20 | Flagstaff N. | − 17 | + 15 |
| 9,25 | Flagstaff N. | − 61 | + 16 |

Petri W.: Katalog der galaktozentrischen Bahnelemente von 353 Sternen der Sonnenumgebung S 12.—

Schrutka-Rechtenstamm G.: Relative Höhenbestimmungen auf dem Monde mittels des Pariser Mondatlasses und visueller Messungen am Fernrohr. S 30.—

Schütte K.: Galaktozentrische Bahnelemente von 1026 Fixsternen in der nächsten Umgebung der Sonne (Teil IV u. V) (mit 4 Abbildungen). S 26.90

Widorn Th.: Lichtelektrische Beobachtungen am 33-cm-Astrographen der Universitätssternwarte Wien (mit 2 Abbildungen). S 10.90

**1955 (S II, Bd. 164):**

Ferrari d'Occhieppo K.: Direkte Relationen zwischen ekliptikalen, galaktischen und azimutalen Koordinaten. S 39.50

Ferrari d'Occhieppo K.: Die Massen der Delta Cephei- und RR-Lyrae-Sterne (mit 1 Abbildung). S 7.—

Franz O.: Strahlungsenergetische Parallaxen von 400 Doppelsternen (mit 8 Abbildungen). S 90.40

Haupt H.: Eine ungewöhnliche Spektralaufnahme einer Protuberanz am Koronographen (mit 2 Abbildungen). S 5.90

Hopmann J.: Zur Statistik der visuellen Doppelsterne. S 32.—

Schrutka-Rechtenstamm G.: Zur Physischen Libration des Mondes. S 78.—

MIX
Papier aus verantwortungsvollen Quellen
Paper from responsible sources
FSC® C105338

If you have any concerns about our products,
you can contact us on
**ProductSafety@springernature.com**

In case Publisher is established outside the EU,
the EU authorized representative is:
**Springer Nature Customer Service Center GmbH
Europaplatz 3, 69115 Heidelberg, Germany**

Printed by Libri Plureos GmbH
in Hamburg, Germany